全国普通高等院校“十三五”规划教材

线性代数

主 编　穆耀辉　司国星　郭燕双

合肥工业大学出版社

图书在版编目（CIP）数据

线性代数/穆耀辉，司国星，郭燕双主编. —合肥:合肥工业大学出版社，2018.11
ISBN 978-7-5650-4244-7

Ⅰ.①线… Ⅱ.①穆…②司…③郭… Ⅲ.①线性代数－教材 Ⅳ.①O151.2

中国版本图书馆 CIP 数据核字（2018）第 254522 号

线性代数

穆耀辉　司国星　郭燕双 主编　　　　责任编辑　朱移山

出　版	合肥工业大学出版社	版　次	2018 年 11 月第 1 版
地　址	合肥市屯溪路 193 号	印　次	2020 年 8 月第 2 次印刷
邮　编	230009	开　本	787 毫米×1092 毫米　1/16
电　话	总　编　室：0551-62903038	印　张	8
	市场营销部：0551-62903198	字　数	205 千字
网　址	www.hfutpress.com.cn	印　刷	廊坊市广阳区九洲印刷厂
E-mail	hfutpress@163.com	发　行	全国新华书店

ISBN 978-7-5650-4244-7　　　　定价：28.00 元

前　言

随着时代的发展、计算机的普及，线性代数这一数学分支显得越来越重要。现在大专院校几乎理工类专业都在开设线性代数课程。如何教好、学好这门课程，关键是要有科学地阐述线性代数的基本内容且简明易懂的教材。这就是本书的编写目的。

线性代数是研究线性空间和线性映射的理论，它的初等部分是研究线性方程组和矩阵。本书精选了线性代数的部分内容，着重阐述其最基本的、应用广泛的那些内容；对于不是基本的，或者应用不那么广泛的内容则略为提及，不展开讲，或者不讲。

本书科学地阐述了线性代数的基本内容，深入浅出，简明易懂。本书精选了线性代数的内容，由具体到抽象地安排讲授体系，使学生能由浅入深地学完全书。本书在讲授知识的同时，注重培养学生数学的思维方式。本书内容按照数学的思维方式组织和编写，既使学生容易学到知识，又使学生从中受到数学思维方式的熏陶，能用数学思维解决实际问题，使学生终身受益。

本书共 6 章，主要包括行列式，矩阵，线性方程组，矩阵的秩与 n 维向量空间，特征值、特征向量与二次型，MATLAB 软件在线性代数中的应用。

本书由陕西电子信息职业技术学院的穆耀辉、郑州工业安全职业学院的司国星和张家口市宣化第一中学的郭燕双担任主编。其中，穆耀辉编写了第 2 章、第 3 章和第 4 章，司国星编写了第 1 章、第 5 章和习题答案，郭燕双编写了第 6 章。本书由穆耀辉编写大纲并统稿。

本书可作为应用型本科、职业院校以及自学考试的线性代数课程的教材，也可供自学者和科技工作者阅读。

由于水平有限，书中难免有所疏漏，敬请广大读者批评指正。

编　者

2018年10月

目 录

第1章　行列式

行列式起源于求解线性方程组，是方阵的一个数字特征．在线性代数中也是一个基本工具，讨论许多问题都要用到它．本章首先引入二阶和三阶行列式的概念，并在此基础上给出 n 阶行列式的定义并讨论其性质和计算，进而应用 n 阶行列式导出了求解 n 元线性方程组的克莱姆法则，同时应用 n 阶行列式给出求逆矩阵的另一种方法 —— 伴随矩阵法.

1.1　行列式的定义

初等数学中，二阶行列式是在二元线性方程组的求解中提出的．设二元线性方程组为

$$\begin{cases} a_{11}x_1 + a_{12}x_2 = b_1, \\ a_{21}x_1 + a_{22}x_2 = b_2. \end{cases} \tag{1.1}$$

可以写成矩阵方程 $\boldsymbol{AX} = \boldsymbol{b}$，其中系数矩阵、位置数列向量和常数列向量分别为

$$\boldsymbol{A} = \begin{pmatrix} a_{11} & a_{12} \\ a_{21} & a_{22} \end{pmatrix},\ \boldsymbol{X} = \begin{pmatrix} x_1 \\ x_2 \end{pmatrix},\ \boldsymbol{b} = \begin{pmatrix} b_1 \\ b_2 \end{pmatrix}.$$

利用消元法可得

$$\begin{cases} (a_{11}a_{22} - a_{12}a_{21})x_1 = a_{22}b_1 - a_{12}b_2, \\ (a_{11}a_{22} - a_{12}a_{21})x_2 = a_{11}b_2 - a_{21}b_1. \end{cases} \tag{1.2}$$

即

$$\begin{cases} x_1 = \dfrac{a_{22}b_1 - a_{12}b_2}{a_{11}a_{22} - a_{12}a_{21}}, \\ x_2 = \dfrac{a_{11}b_2 - a_{21}b_1}{a_{11}a_{22} - a_{12}a_{21}}. \end{cases} \tag{1.3}$$

为了使式(1.3)更加简明便于记忆，把式中分母，即二阶方阵 $\boldsymbol{A} = \begin{pmatrix} a_{11} & a_{12} \\ a_{21} & a_{22} \end{pmatrix}$ 的对角线元素乘积 $a_{11}a_{22}$ 减副对角线元素 $a_{12}a_{21}$ 的差（"对角线法则"），称为二阶方阵 $\boldsymbol{A}$ 的行列式，简称二阶行列式，记为 $|\boldsymbol{A}| = \begin{vmatrix} a_{11} & a_{12} \\ a_{21} & a_{22} \end{vmatrix} = a_{11}a_{22} - a_{12}a_{21}$．利用二阶行列式的定义，式(1.3)

可表示为

$$x_1=\frac{\begin{vmatrix} b_1 & a_{12} \\ b_2 & a_{22} \end{vmatrix}}{\begin{vmatrix} a_{11} & a_{12} \\ a_{21} & a_{22} \end{vmatrix}},\ x_2=\frac{\begin{vmatrix} a_{11} & b_1 \\ a_{21} & b_2 \end{vmatrix}}{\begin{vmatrix} a_{11} & a_{12} \\ a_{21} & a_{22} \end{vmatrix}}.$$

类似的，在三元线性方程组$\begin{cases} a_{11}x_1+a_{12}x_2+a_{13}x_3=b_1, \\ a_{21}x_1+a_{22}x_2+a_{23}x_3=b_2, \\ a_{31}x_1+a_{32}x_2+a_{33}x_3=b_3 \end{cases}$的求解中引出三阶行列式，其定义为

$$|\boldsymbol{A}|=\begin{vmatrix} a_{11} & a_{12} & a_{13} \\ a_{21} & a_{22} & a_{23} \\ a_{31} & a_{32} & a_{33} \end{vmatrix}=a_{11}a_{22}a_{33}+a_{12}a_{23}a_{31}+a_{13}a_{21}a_{32}-a_{13}a_{22}a_{31}$$
$$-a_{12}a_{21}a_{33}-a_{11}a_{23}a_{32}.$$

三阶行列式展开式也可用对角线法则得到：对角线及与之"平行"的两条线上各三个元素乘积外加"+"号，而副对角线及与之"平行"的两条线上各个元素的乘积外加"—"号，三阶行列式的"值"，等于这六项的代数和.

例 1 计算三阶行列式$\begin{vmatrix} 1 & 0 & 5 \\ -1 & 4 & 3 \\ 2 & 4 & 7 \end{vmatrix}$.

解法 1 （用定义）

$$\begin{vmatrix} 1 & 0 & 5 \\ -1 & 4 & 3 \\ 2 & 4 & 7 \end{vmatrix}=1\times\begin{vmatrix} 4 & 3 \\ 4 & 7 \end{vmatrix}-0\times\begin{vmatrix} -1 & 3 \\ 2 & 7 \end{vmatrix}+5\times\begin{vmatrix} -1 & 4 \\ 2 & 4 \end{vmatrix}=1\times(28-12)-0+5\times$$
$$(-4-8)=-44.$$

解法 2 （用对角线法则）

$$\begin{vmatrix} 1 & 0 & 5 \\ -1 & 4 & 3 \\ 2 & 4 & 7 \end{vmatrix}=1\times4\times7+0\times3\times2+5\times(-1)\times4-1\times3\times4-0\times(-1)\times7-5\times$$
$$4\times2=-44.$$

我们还发现三阶行列式$|\boldsymbol{A}|$还可以写为如下形式

$$|\boldsymbol{A}|=\begin{vmatrix} a_{11} & a_{12} & a_{13} \\ a_{21} & a_{22} & a_{23} \\ a_{31} & a_{32} & a_{33} \end{vmatrix}$$
$$=(-1)^{1+1}a_{11}\begin{vmatrix} a_{22} & a_{23} \\ a_{32} & a_{33} \end{vmatrix}+(-1)^{1+2}a_{12}\begin{vmatrix} a_{21} & a_{23} \\ a_{31} & a_{33} \end{vmatrix}+(-1)^{1+3}a_{13}\begin{vmatrix} a_{21} & a_{22} \\ a_{31} & a_{32} \end{vmatrix}. \tag{1.4}$$

分析式(1.4)：右端的三项是三阶行列式中第 1 行的三个元素 a_{1j} $(j=1,2,3)$ 分别乘一个二阶行列式，而所乘的二阶行列式是划去该元素所在的行与列以后，由剩余的元素组成；另外，每一项之前都要乘以 $(-1)^{1+j}$，1 和 j 恰好是 a_{1j} 的行标和列标.

按照这一规律，可以用三阶行列式定义出四阶行列式，以此类推，可以给出 n 阶行列式的定义.

定义 1.1　n 阶方阵 $\boldsymbol{A}=(a_{ij})_{n\times n}$ 的行列式 $|\boldsymbol{A}|=\begin{vmatrix} a_{11} & a_{12} & \cdots & a_{1n} \\ a_{21} & a_{22} & \cdots & a_{2n} \\ \vdots & \vdots & & \vdots \\ a_{n1} & a_{n2} & \cdots & a_{nn} \end{vmatrix}$ 是按如下规则确定的一个数：

当 $n=1$ 时，$|\boldsymbol{A}|=|a_{11}|=a_{11}$；

当 $n\geqslant 2$ 时，假定 $n-1$ 阶行列式已经定义，删除 n 阶行列式 $|\boldsymbol{A}|$ 元素 a_{ij} 所在的第 i 行和第 j 列，所得到的 $n-1$ 阶行列式，称为 a_{ij}（在行列式 $|\boldsymbol{A}|$ 中或在矩阵 $\boldsymbol{A}$ 中）的余子式，记为 M_{ij}；而令 $A_{ij}=(-1)^{i+j}M_{ij}$，A_{ij} 称为元素 a_{ij}（在行列式 $|\boldsymbol{A}|$ 中或在矩阵 $\boldsymbol{A}$ 中）的代数余子式.

$$|\boldsymbol{A}|=\begin{vmatrix} a_{11} & a_{12} & \cdots & a_{1n} \\ a_{21} & a_{22} & \cdots & a_{2n} \\ \vdots & \vdots & & \vdots \\ a_{n1} & a_{n2} & \cdots & a_{nn} \end{vmatrix}=a_{11}A_{11}+a_{12}A_{12}+\cdots+a_{1n}A_{1n}=\sum_{j=1}^{n}a_{1j}A_{1j} \tag{1.5}$$

公式(1.5) 表明：n 阶行列式等于行列式第 1 行的各元素乘以各自代数余子式之积的和．因此公式(1.5) 又称为行列式"按第 1 行展开".

如果按公式(1.5) 逐次递推，最终得到 $n!$ 项，每一项的形式为 $\pm a_{1j_1}a_{2j_2}\cdots a_{nj_n}$，其中 $j_1, j_2, \cdots, j_n$ 是自然数 $1, 2, \cdots, n$ 的一种排列．n 阶行列式的"完全展开式"的 $n!$ 个项，都是不同行、不同列的 n 个元素的乘积，冠以确定的正、负号．简记为 $D=\det(a_{ij})$ 或 $D=|a_{ij}|$.

要特别注意的是，前面提到的关于三阶行列式的"对角线法则"，对于四阶和四阶以上的行列式是不适用的.

为了理解 n 阶行列式的定义及余子式、代数余子式的定义，给出下例.

例 2　按定义计算四阶行列式 $D=\begin{vmatrix} 0 & 3 & 6 & 0 \\ -2 & 3 & 0 & 1 \\ 0 & 1 & 7 & 2 \\ 4 & -5 & 1 & 1 \end{vmatrix}$.

解　按上定义 2.1，有

$$D=0A_{11}+3A_{12}+6A_{13}+0A_{14}=3A_{12}+6A_{13}=-3\begin{vmatrix} -2 & 0 & 1 \\ 0 & 7 & 2 \\ 4 & 1 & 1 \end{vmatrix}+6\begin{vmatrix} -2 & 3 & 1 \\ 0 & 1 & 2 \\ 4 & -5 & 1 \end{vmatrix}$$

$=102.$

例 3 计算下三角行列式(当 $i<j$ 时，$a_{ij}=0$，即主对角线以上元素全为零)：

$$D_n=\begin{vmatrix} a_{11} & & & \\ a_{21} & a_{22} & & \\ \vdots & \vdots & \ddots & \\ a_{n1} & a_{n2} & \cdots & a_{nn} \end{vmatrix}.$$

解 由 n 阶行列式的定义

$$D_n=\begin{vmatrix} a_{11} & & & \\ a_{21} & a_{22} & & \\ \vdots & \vdots & \ddots & \\ a_{n1} & a_{n2} & \cdots & a_{nn} \end{vmatrix}=a_{11}\begin{vmatrix} a_{22} & & & \\ a_{32} & a_{33} & & \\ \vdots & \vdots & \ddots & \\ a_{n1} & a_{n2} & \cdots & a_{nn} \end{vmatrix}=\cdots=a_{11}a_{22}\cdots a_{nn}.$$

同样可计算上三角行列式(当 $i>j$ 时，$a_{ij}=0$，即主对角线以下元素全为零)：

$$D_n=\begin{vmatrix} a_{11} & a_{12} & \cdots & a_{1n} \\ & a_{22} & \cdots & a_{2n} \\ & & \ddots & \vdots \\ & & & a_{nn} \end{vmatrix}=a_{11}a_{22}\cdots a_{nn}.$$

特别的，对角矩阵 $\boldsymbol{\Lambda}$ 所对应的行列式，即

$$|\boldsymbol{\Lambda}|=\begin{vmatrix} a_{11} & & & \\ & a_{22} & & \\ & & \ddots & \\ & & & a_{nn} \end{vmatrix}=a_{11}a_{22}\cdots a_{nn},$$

单位矩阵 $\boldsymbol{E}$ 所对应的行列式，即

$$|\boldsymbol{E}|=\begin{vmatrix} 1 & & & \\ & 1 & & \\ & & \ddots & \\ & & & 1 \end{vmatrix}=1.$$

在 n 阶行列式的定义中，给出了行列式计算的一般方法，但在实际中，用这种方法计算三阶以上的行列式，计算量大．因此，本章将讨论行列式的性质，以得到简化计算行列式的方法．但在讨论行列式的性质前，我们应该特别指出，行列式和矩阵是两个不同的概念，矩阵是数字排成的矩形表格，若矩阵中只是改变一个元素，就改变了矩阵．而行列式外形像方阵，但它不用括号，而用直线段包围，它是方阵的一个数字特征，即方阵对应的行列式是一个数；两个看起来差别很大的行列式有可能相等，例如，

$$\begin{vmatrix} 1 & 2 & 3 \\ 0 & 4 & 5 \\ 0 & 0 & 6 \end{vmatrix}=\begin{vmatrix} 4 & 5 \\ 0 & 6 \end{vmatrix}=\begin{vmatrix} 2 & 0 \\ 5 & 12 \end{vmatrix}=24.$$

1.2　行列式的性质

与矩阵相仿，行列式的行与列互换称为转置，行列式 D 的转置行列式记为 D^{T}.

性质1　行列式与其转置行列式相等.

性质2　行列式的某一行(列)的公因子可以提到行列式的记号外，换言之，若用数 k 乘以行列式，等于把数 k 乘以行列式的某一行(列)：

$$\begin{vmatrix} \boldsymbol{\alpha}_1 \\ \vdots \\ k\boldsymbol{\alpha}_s \\ \vdots \\ \boldsymbol{\alpha}_n \end{vmatrix} = k \begin{vmatrix} \boldsymbol{\alpha}_1 \\ \vdots \\ \boldsymbol{\alpha}_s \\ \vdots \\ \boldsymbol{\alpha}_n \end{vmatrix}.\text{(以行为例)}$$

性质3　互换行列式的两行(列)，行列式变号：

$|\boldsymbol{\alpha}_1, \cdots, \overset{(s)}{\boldsymbol{\alpha}_s}, \cdots, \overset{(t)}{\boldsymbol{\alpha}_t}, \cdots, \boldsymbol{\alpha}_n| = -|\boldsymbol{\alpha}_1, \cdots, \overset{(s)}{\boldsymbol{\alpha}_t}, \cdots, \overset{(t)}{\boldsymbol{\alpha}_s}, \cdots, \boldsymbol{\alpha}_n|$，$1 \leqslant s < t \leqslant n$.(以列为例)

性质4　如果行列式有两行(列)相同，那么行列式为零.

证　互换行列式的某两行(列)，则 $|\boldsymbol{A}| = -|\boldsymbol{A}|$，则 $|\boldsymbol{A}| = 0$.

推论1　若行列式某两行(列)对应成比例，则行列式等于零：

$|\boldsymbol{\alpha}_1, \cdots, \overset{(s)}{\boldsymbol{\alpha}_s}, \cdots, \overset{(t)}{k\boldsymbol{\alpha}_s}, \cdots, \boldsymbol{\alpha}_n| = k|\boldsymbol{\alpha}_1, \cdots, \overset{(s)}{\boldsymbol{\alpha}_s}, \cdots, \overset{(t)}{\boldsymbol{\alpha}_s}, \cdots, \boldsymbol{\alpha}_n| = 0$.

推论2　若行列式含有零行(列)，则行列式的值为零.

性质5　若行列式的某行(列)的元素为两个数之和，则行列式可以拆为两个行列式之和

$$\begin{vmatrix} \boldsymbol{\alpha}_1 \\ \vdots \\ \boldsymbol{\alpha}_s + \boldsymbol{\beta}_s \\ \vdots \\ \boldsymbol{\alpha}_n \end{vmatrix} = \begin{vmatrix} \boldsymbol{\alpha}_1 \\ \vdots \\ \boldsymbol{\alpha}_s \\ \vdots \\ \boldsymbol{\alpha}_n \end{vmatrix} + \begin{vmatrix} \boldsymbol{\alpha}_1 \\ \vdots \\ \boldsymbol{\beta}_s \\ \vdots \\ \boldsymbol{\alpha}_n \end{vmatrix}.\text{(以行为例)}$$

性质6　把行列式的某一行(列)的元素乘以同一个数，然后与另一行(列)对应元素相加，所得行列式与原行列式相等：

$|\boldsymbol{\alpha}_1, \cdots, \boldsymbol{\alpha}_s, \cdots, \boldsymbol{\alpha}_t, \cdots, \boldsymbol{\alpha}_n| = |\boldsymbol{\alpha}_1, \cdots, \boldsymbol{\alpha}_s + k\boldsymbol{\alpha}_t, \cdots, \boldsymbol{\alpha}_t, \cdots, \boldsymbol{\alpha}_n|$.(以列为例)

证　可由性质4和性质5得

$$\begin{aligned} |\boldsymbol{\alpha}_1, \cdots, \boldsymbol{\alpha}_s + k\boldsymbol{\alpha}_t, \cdots, \boldsymbol{\alpha}_t, \cdots, \boldsymbol{\alpha}_n| &= |\boldsymbol{\alpha}_1, \cdots, \boldsymbol{\alpha}_s, \cdots, \boldsymbol{\alpha}_t, \cdots, \boldsymbol{\alpha}_n| \\ &\quad + |\boldsymbol{\alpha}_1, \cdots, k\boldsymbol{\alpha}_t, \cdots, \boldsymbol{\alpha}_t, \cdots, \boldsymbol{\alpha}_n| \\ &= |\boldsymbol{\alpha}_1, \cdots, \boldsymbol{\alpha}_s, \cdots, \boldsymbol{\alpha}_t, \cdots, \boldsymbol{\alpha}_n|. \end{aligned}$$

性质 7 设 $\mathbf{A}$ 是 n 阶方阵，k 是一个数，则 $|k\mathbf{A}|=k^n|\mathbf{A}|$.

证 反复利用性质 2 有

$$|k\mathbf{A}|=\begin{vmatrix} ka_{11} & ka_{12} & \cdots & ka_{1n} \\ ka_{21} & ka_{22} & \cdots & ka_{2n} \\ \vdots & \vdots & & \vdots \\ ka_{n1} & ka_{n2} & \cdots & ka_{nn} \end{vmatrix}=k^n\begin{vmatrix} a_{11} & a_{12} & \cdots & a_{1n} \\ a_{21} & a_{22} & \cdots & a_{2n} \\ \vdots & \vdots & & \vdots \\ a_{n1} & a_{n2} & \cdots & a_{nn} \end{vmatrix}=k^n|\mathbf{A}|$$

事实上，由行列式的以上性质可得以下定理.

定理 1 n 阶行列式 D 等于它的任意一行(列)中所有元素与其对应的代数余子式的乘积之和，即

$$D=a_{i1}A_{i1}+a_{i2}A_{i2}+\cdots+a_{in}A_{in}=\sum_{j=1}^{n}a_{ij}A_{ij}.\text{(以行为例)}$$

证 (1) 在 D 中第一行的元素中除 a_{11} 外其余元素均为零的特殊情况，即

$$D=a_{11}A_{11}=a_{11}(-1)^{1+1}M_{11}=a_{11}M_{11}.$$

(2) 在 D 中第 i 行元素中除 a_{ij} 外其余元素均为零的情况下，利用(1)的结果，将 a_{11} 调换到第一行第一列的位置，这样经过 $i-1$ 次邻换换至第一行，$j-1$ 次邻换换至第一列，即

$$D=a_{ij}(-1)^{i+j-2}M_{ij}=(-1)^{i+j}a_{ij}M_{ij}=a_{ij}A_{ij}.$$

(3) 当每个元素都不为零时，将 D 写成

$$D=\begin{vmatrix} a_{11} & a_{12} & \cdots & a_{1n} \\ \vdots & \vdots & & \vdots \\ a_{i1}+0+\cdots+0 & 0+a_{i2}+\cdots+0 & \cdots & 0+\cdots+0+a_{in} \\ \vdots & \vdots & & \vdots \\ a_{n1} & a_{n2} & \cdots & a_{nn} \end{vmatrix}$$

$$=\begin{vmatrix} a_{11} & a_{12} & \cdots & a_{1n} \\ \vdots & \vdots & & \vdots \\ a_{i1} & 0 & \cdots & 0 \\ \vdots & \vdots & & \vdots \\ a_{n1} & a_{n2} & \cdots & a_{nn} \end{vmatrix}+\begin{vmatrix} a_{11} & a_{12} & \cdots & a_{1n} \\ \vdots & \vdots & & \vdots \\ 0 & a_{i2} & \cdots & 0 \\ \vdots & \vdots & & \vdots \\ a_{n1} & a_{n2} & \cdots & a_{nn} \end{vmatrix}+\cdots+\begin{vmatrix} a_{11} & a_{12} & \cdots & a_{1n} \\ \vdots & \vdots & & \vdots \\ 0 & 0 & \cdots & a_{in} \\ \vdots & \vdots & & \vdots \\ a_{n1} & a_{n2} & \cdots & a_{nn} \end{vmatrix}$$

$$=a_{i1}A_{i1}+a_{i2}A_{i2}+\cdots+a_{in}A_{in}.$$

定理 2 n 阶行列式 D 中的任意一行(列)中所有元素与另外一行(列)对应元素的代数余子式的乘积之和等于零. 即 $D=a_{j1}A_{i1}+a_{j2}A_{i2}+\cdots+a_{jn}A_{in}=0$.(以按行展开为例)

读者自证.

性质 8(方阵乘积的行列式) 设 $\mathbf{A}$，$\mathbf{B}$ 都是 n 阶方阵，则 $|\mathbf{AB}|=|\mathbf{A}||\mathbf{B}|$，此式也成为行列式乘法公式

性质 8 可以推广到有限多个同阶方阵的情况，即 $|\mathbf{ABC}\cdots\mathbf{H}|=|\mathbf{A}||\mathbf{B}|\cdots|\mathbf{H}|$.

例 1 求证 $\begin{vmatrix} a_{11} & a_{12} & c_{11} & c_{12} \\ a_{21} & a_{22} & c_{21} & c_{22} \\ 0 & 0 & b_{11} & b_{12} \\ 0 & 0 & b_{21} & b_{22} \end{vmatrix} = \begin{vmatrix} a_{11} & a_{12} \\ a_{21} & a_{22} \end{vmatrix} \begin{vmatrix} b_{11} & b_{12} \\ b_{21} & b_{22} \end{vmatrix}$.

证

$$\begin{vmatrix} a_{11} & a_{12} & c_{11} & c_{12} \\ a_{21} & a_{22} & c_{21} & c_{22} \\ 0 & 0 & b_{11} & b_{12} \\ 0 & 0 & b_{21} & b_{22} \end{vmatrix} = a_{11} \begin{vmatrix} a_{22} & c_{21} & c_{22} \\ 0 & b_{11} & b_{12} \\ 0 & b_{21} & b_{22} \end{vmatrix} - a_{21} \begin{vmatrix} a_{12} & c_{11} & c_{12} \\ 0 & b_{11} & b_{12} \\ 0 & b_{21} & b_{22} \end{vmatrix}$$

$$= a_{11}a_{22} \begin{vmatrix} b_{11} & b_{12} \\ b_{21} & b_{22} \end{vmatrix} - a_{21}a_{12} \begin{vmatrix} b_{11} & b_{12} \\ b_{21} & b_{22} \end{vmatrix}$$

$$= (a_{11}a_{22} - a_{21}a_{12}) \begin{vmatrix} b_{11} & b_{12} \\ b_{21} & b_{22} \end{vmatrix} = \begin{vmatrix} a_{11} & a_{12} \\ a_{21} & a_{22} \end{vmatrix} \begin{vmatrix} b_{11} & b_{12} \\ b_{21} & b_{22} \end{vmatrix}.$$

由例 1 的结论可推广到一般情况

性质 9(“四块缺角”行列式) 设 $\boldsymbol{A}$，$\boldsymbol{B}$ 依次是 s 阶、t 阶方阵，$\boldsymbol{C}$，$\boldsymbol{D}$ 依次是 $s \times t$，$t \times s$ 矩阵，则 $s+t$ 阶行列式 $\begin{vmatrix} \boldsymbol{A} & \boldsymbol{C} \\ \boldsymbol{O} & \boldsymbol{B} \end{vmatrix} = |\boldsymbol{A}||\boldsymbol{B}|$，$\begin{vmatrix} \boldsymbol{A} & \boldsymbol{O} \\ \boldsymbol{C} & \boldsymbol{B} \end{vmatrix} = |\boldsymbol{A}||\boldsymbol{B}|$.

例 2 计算行列式 $D = \begin{vmatrix} 5 & 6 & 0 & 0 & 0 \\ 1 & 5 & 6 & 0 & 0 \\ 0 & 1 & 5 & 6 & 0 \\ 0 & 0 & 1 & 5 & 6 \\ 0 & 0 & 0 & 1 & 5 \end{vmatrix}$.

解

$$D = \begin{vmatrix} 5 & 6 & 0+0 & 0 & 0 \\ 1 & 5 & 6+0 & 0 & 0 \\ 0 & 1 & 5+0 & 6 & 0 \\ 0 & 0 & 1+0 & 5 & 6 \\ 0 & 0 & 0+0 & 1 & 5 \end{vmatrix} = \begin{vmatrix} 5 & 6 & 0 & 0 & 0 \\ 1 & 5 & 6 & 0 & 0 \\ 0 & 1 & 5 & 6 & 0 \\ 0 & 0 & 0 & 5 & 6 \\ 0 & 0 & 0 & 1 & 5 \end{vmatrix} + \begin{vmatrix} 5 & 6 & 0 & 0 & 0 \\ 1 & 5 & 0 & 0 & 0 \\ 0 & 1 & 0 & 6 & 0 \\ 0 & 0 & 1 & 5 & 6 \\ 0 & 0 & 0 & 1 & 5 \end{vmatrix}$$

$$= \begin{vmatrix} 5 & 6 & 0 \\ 1 & 5 & 6 \\ 0 & 1 & 5 \end{vmatrix} \cdot \begin{vmatrix} 5 & 6 \\ 1 & 5 \end{vmatrix} + \begin{vmatrix} 5 & 6 \\ 1 & 5 \end{vmatrix} \cdot \begin{vmatrix} 0 & 6 & 0 \\ 1 & 5 & 6 \\ 0 & 1 & 5 \end{vmatrix} = 665.$$

用 r_i，c_i 分别表示行列式(或矩阵)的第 i 行、第 i 列，则根据性质可得：

交换行列式的某两行(列)表示为：$r_i \leftrightarrow r_j$，$c_i \leftrightarrow c_j$(注意此时行列式变号).

行列式的某行(列)乘以某个数 k 表示为：kr_i，kc_i.

将行列式某一行(列)乘以一个数加到另一行(列)表示为：$r_i + kr_j$，$c_i + kc_j$.

1.3 行列式的计算

1. 化行列式为上(下)三角行列式

利用行列式的性质，将行列式化为上(下)三角行列式来计算，是计算行列式的基本方法之一.

例 1 设 $a_1a_2\cdots a_n \neq 0$，计算 $n+1$ 阶行列式(空白处元素为零)

$$d=\begin{vmatrix} 1 & 1 & 1 & \cdots & 1 \\ -1 & a_1 & & & \\ -1 & & a_2 & & \\ \vdots & & & \ddots & \\ -1 & & & & a_n \end{vmatrix}.$$

解 n 次应用性质 6，即作 $c_1+\left(\frac{1}{a_1}c_2+\frac{1}{a_2}c_3+\cdots+\frac{1}{a_n}c_{n+1}\right)$，将 d 化为上三角行列式

$$d=\begin{vmatrix} 1+\sum_{k=1}^{n}\frac{1}{a_k} & 1 & 1 & \cdots & 1 \\ & a_1 & & & \\ & & a_2 & & \\ & & & \ddots & \\ & & & & a_n \end{vmatrix}=\left(1+\sum_{k=1}^{n}\frac{1}{a_k}\right)a_1a_2\cdots a_n.$$

形如例 1 中的行列式，即除第 1 行、第 1 列及对角线元素之外，其余元素全为零的行列式，可以称为“伞形行列式”(或“爪形行列式”)，通常伞形行列式很容易化成三角形行列式而求出其值.

例 2 计算 $D=\begin{vmatrix} a & b & b & \cdots & b \\ b & a & b & \cdots & b \\ b & b & a & \cdots & b \\ \vdots & \vdots & \vdots & & \vdots \\ b & b & b & \cdots & a \end{vmatrix}$.

解 先把行列式的第 2，3，…，n 行都加到行列式的第 1 行，然后将第 1 行的公因子 $[a+(n-1)b]$ 提到行列式外，得

$$\begin{vmatrix} a & b & b & \cdots & b \\ b & a & b & \cdots & b \\ b & b & a & \cdots & b \\ \vdots & \vdots & \vdots & & \vdots \\ b & b & b & \cdots & a \end{vmatrix} = [a+(n-1)b] \begin{vmatrix} 1 & 1 & 1 & \cdots & 1 \\ b & a & b & \cdots & b \\ b & b & a & \cdots & b \\ \vdots & \vdots & \vdots & & \vdots \\ b & b & b & \cdots & a \end{vmatrix},$$

再把新的行列式的第 2，3，…，n 行都减去第 1 行的 b 倍，得

$$[a+(n-1)b] \begin{vmatrix} 1 & 1 & 1 & \cdots & 1 \\ 0 & a-b & 0 & \cdots & 0 \\ 0 & 0 & a-b & \cdots & 0 \\ \vdots & \vdots & \vdots & & \vdots \\ 0 & 0 & 0 & \cdots & a-b \end{vmatrix} = [a+(n-1)b](a-b)^{n-1}.$$

计算行列式的另外一个常用方法是“逐次降阶法”，这种方法主要是用行列式按行(列) 展开定理，具体计算时先用行列式性质，将某一行(列) 的元素尽可能多的化为零元素，然后再按此行(列) 展开，通常降低直至二阶或三阶，计算出结果.

例 3 计算行列式 $D = \begin{vmatrix} 1 & 2 & 3 & 4 \\ 1 & 0 & 1 & 2 \\ 3 & -1 & -1 & 0 \\ 1 & 2 & 0 & -5 \end{vmatrix}$.

解

$$\begin{vmatrix} 1 & 2 & 3 & 4 \\ 1 & 0 & 1 & 2 \\ 3 & -1 & -1 & 0 \\ 1 & 2 & 0 & -5 \end{vmatrix} \xlongequal[r_4+2r_2]{r_1+2r_2} \begin{vmatrix} 7 & 0 & 1 & 4 \\ 1 & 0 & 1 & 2 \\ 3 & -1 & -1 & 0 \\ 7 & 0 & -2 & -5 \end{vmatrix} = (-1)\times(-1)^{3+2} \begin{vmatrix} 7 & 1 & 4 \\ 1 & 1 & 2 \\ 7 & -2 & -5 \end{vmatrix}$$

$$\xlongequal[r_3+2r_2]{r_1-r_2} \begin{vmatrix} 6 & 0 & 2 \\ 1 & 1 & 2 \\ 9 & 0 & -1 \end{vmatrix} = 1\times(-1)^{2+2} \begin{vmatrix} 6 & 2 \\ 9 & -1 \end{vmatrix} = -24.$$

例 4 设 $\boldsymbol{A}=(\boldsymbol{A}_1, \boldsymbol{A}_2, \boldsymbol{A}_3, \boldsymbol{A}_4)$，$\boldsymbol{B}=(\boldsymbol{A}_2, 2\boldsymbol{A}_1, \boldsymbol{A}_3, 2\boldsymbol{A}_4)$，其中 $\boldsymbol{A}_i$ 是四维列向量，$i=1, 2, 3, 4$，已知 $|\boldsymbol{A}|=a$，求 $|\boldsymbol{A}+\boldsymbol{B}|$：

解　本题涉及了矩阵加法及行列式计算，矩阵相加的规则是对应元素相加，因此也是对应列向量相加，则

$$\boldsymbol{A}+\boldsymbol{B}=(\boldsymbol{A}_1+\boldsymbol{A}_2, 2\boldsymbol{A}_1+\boldsymbol{A}_2, 2\boldsymbol{A}_3, 3\boldsymbol{A}_4),$$

再取行列式，应按行列式的性质计算

$$\begin{aligned} |\boldsymbol{A}+\boldsymbol{B}| &= |\boldsymbol{A}_1+\boldsymbol{A}_2, 2\boldsymbol{A}_1+\boldsymbol{A}_2, 2\boldsymbol{A}_3, 3\boldsymbol{A}_4| \xlongequal{c_2-c_1} |\boldsymbol{A}_1+\boldsymbol{A}_2, \boldsymbol{A}_1, 2\boldsymbol{A}_3, 3\boldsymbol{A}_4| \\ &= |\boldsymbol{A}_2, \boldsymbol{A}_1, 2\boldsymbol{A}_3, 3\boldsymbol{A}_4| \\ &= -|\boldsymbol{A}_1, \boldsymbol{A}_2, 2\boldsymbol{A}_3, 3\boldsymbol{A}_4| = -6|\boldsymbol{A}_1, \boldsymbol{A}_2, \boldsymbol{A}_3, \boldsymbol{A}_4| = -6|\boldsymbol{A}| = -6a. \end{aligned}$$

例 5 设三阶方阵 $\boldsymbol{A}$，$\boldsymbol{B}$ 满足 $\boldsymbol{A}^2+\boldsymbol{AB}+2\boldsymbol{E}=\boldsymbol{O}$，已知 $|\boldsymbol{A}|=2$，求 $|\boldsymbol{A}+\boldsymbol{B}|$.

解 由题设得 $\boldsymbol{A}(\boldsymbol{A}+\boldsymbol{B})=-2\boldsymbol{E}$ 两边取行列式，根据行列式性质得

$$|\boldsymbol{A}(\boldsymbol{A}+\boldsymbol{B})|=|\boldsymbol{A}||(\boldsymbol{A}+\boldsymbol{B})|=|-2\boldsymbol{E}|=(-2)^3|\boldsymbol{E}|=-8,$$

再由 $|\boldsymbol{A}|=2$，得 $|\boldsymbol{A}+\boldsymbol{B}|=-4$.

例 6 证明 n 阶 $(n\geqslant 2)$ 范得蒙(Vandermonde) 行列式

$$V_n=\begin{vmatrix} 1 & 1 & 1 & \cdots & 1 \\ a_1 & a_2 & a_3 & \cdots & a_n \\ a_1^2 & a_2^2 & a_3^2 & \cdots & a_n^2 \\ \vdots & \vdots & \vdots & & \vdots \\ a_1^{n-1} & a_2^{n-1} & a_3^{n-1} & \cdots & a_n^{n-1} \end{vmatrix}=\prod_{1\leqslant j<i\leqslant n}(a_i-a_j),$$

其中，a_1，a_2，$\cdots$，a_n 是行列式的 n 个参数.

证 对阶数 n 用数学归纳法. 首先有 $V_2=\begin{vmatrix} 1 & 1 \\ a_1 & a_2 \end{vmatrix}=a_2-a_1=\prod\limits_{1\leqslant j<i\leqslant 2}(a_i-a_j)$，即对 $n=2$ 时，公式成立.

现假设上式对 $n-1$ 阶范得蒙行列式成立，去推证对 n 阶范得蒙行列式也成立.

对 V_n 依次作 $r_n-a_1r_{n-1}$，$\cdots$，$r_3-a_1r_2$，$r_2-a_1r_1$ 得

$$V_n=\begin{vmatrix} 1 & 1 & 1 & \cdots & 1 \\ 0 & a_2-a_1 & a_3-a_1 & \cdots & a_n-a_1 \\ 0 & a_2^2-a_1a_2 & a_3^2-a_1a_3 & \cdots & a_n^2-a_1a_n \\ \vdots & \vdots & \vdots & & \vdots \\ 0 & a_2^{n-1}-a_1a_2^{n-2} & a_3^{n-1}-a_1a_3^{n-2} & \cdots & a_n^{n-1}-a_1a_n^{n-2} \end{vmatrix},$$

按第一列展开为 $n-1$ 阶行列式后，各列提出公因子得

$$V_n=(a_2-a_1)(a_3-a_1)\cdots(a_n-a_1)\begin{vmatrix} 1 & 1 & \cdots & 1 \\ a_2 & a_3 & \cdots & a_n \\ \vdots & \vdots & & \vdots \\ a_2^{n-2} & a_3^{n-2} & \cdots & a_n^{n-2} \end{vmatrix},$$

右端出现了 $n-1$ 阶范得蒙行列式，其参数是 a_1，a_2，$\cdots$，a_n，按归纳假设，等于 $\prod\limits_{2\leqslant j<i\leqslant n}(a_i-a_j)$，于是，

$$V_n=(a_2-a_1)(a_3-a_1)\cdots(a_n-a_1)\prod_{2\leqslant j<i\leqslant n}(a_i-a_j)=\prod_{1\leqslant j<i\leqslant n}(a_i-a_j).$$

1.4　行列式的应用

1. 伴随矩阵求逆矩阵

定义1.2　设方阵$\boldsymbol{A}=\begin{pmatrix} a_{11} & a_{12} & \cdots & a_{1n} \\ a_{21} & a_{22} & \cdots & a_{2n} \\ \vdots & \vdots & & \vdots \\ a_{n1} & a_{n2} & \cdots & a_{nn} \end{pmatrix}$，由$\boldsymbol{A}$的元素$a_{ij}$的代数余子式$A_{ij}$构成的如下的$n$阶方阵

$$\boldsymbol{A}^*=\begin{pmatrix} A_{11} & A_{21} & \cdots & A_{n1} \\ A_{12} & A_{22} & \cdots & A_{n2} \\ \vdots & \vdots & & \vdots \\ A_{1n} & A_{2n} & \cdots & A_{nn} \end{pmatrix}$$

称为矩阵$\boldsymbol{A}$的伴随矩阵.

由定义容易验证

$$\boldsymbol{A}\boldsymbol{A}^*=\begin{pmatrix} a_{11} & a_{12} & \cdots & a_{1n} \\ a_{21} & a_{22} & \cdots & a_{2n} \\ \vdots & \vdots & & \vdots \\ a_{n1} & a_{n2} & \cdots & a_{nn} \end{pmatrix}\begin{pmatrix} A_{11} & A_{21} & \cdots & A_{n1} \\ A_{12} & A_{22} & \cdots & A_{n2} \\ \vdots & \vdots & & \vdots \\ A_{1n} & A_{2n} & \cdots & A_{nn} \end{pmatrix}=(c_{ij}),\ c_{ij}=\sum_{k=1}^{n}a_{ik}A_{ik},$$

由$\sum\limits_{k=1}^{n}a_{ik}A_{ik}=\begin{cases} |\boldsymbol{A}|, & i=j \\ 0, & i\neq j \end{cases}$，$c_{ij}=\begin{cases} |\boldsymbol{A}|, & i=j \\ 0, & i\neq j \end{cases}$，

$$\boldsymbol{A}\boldsymbol{A}^*=\begin{pmatrix} |\boldsymbol{A}| & 0 & \cdots & 0 \\ 0 & |\boldsymbol{A}| & \cdots & 0 \\ \vdots & \vdots & & \vdots \\ 0 & 0 & \cdots & |\boldsymbol{A}| \end{pmatrix}=|\boldsymbol{A}|\boldsymbol{E}_n.$$

由此，可得以下定理.

定理1　n阶矩阵$\boldsymbol{A}$可逆的充要条件为$|\boldsymbol{A}|\neq 0$，如果$\boldsymbol{A}$可逆，则$\boldsymbol{A}^{-1}=\dfrac{1}{|\boldsymbol{A}|}\boldsymbol{A}^*$.

证　必要性　若$\boldsymbol{A}$可逆，则$\boldsymbol{A}\boldsymbol{A}^{-1}=\boldsymbol{A}^{-1}\boldsymbol{A}=\boldsymbol{E}$，两边取行列式，得$|A|\,|A^{-1}|=1$，因而$|\boldsymbol{A}|\neq 0$.

充分性　若$|\boldsymbol{A}|\neq 0$，则$\boldsymbol{A}\left(\dfrac{1}{|\boldsymbol{A}|}\boldsymbol{A}^*\right)=\left(\dfrac{1}{|\boldsymbol{A}|}\boldsymbol{A}^*\right)\boldsymbol{A}=\boldsymbol{E}$，由逆矩阵的唯一性可知，$\boldsymbol{A}$可逆，且

$$A^{-1}=\frac{1}{|A|}A^*.$$

若 n 阶矩阵 A 的行列式不为零，即 $|A|\neq 0$，则称 A 为非奇异矩阵，否则称为奇异矩阵．定理 1 说明了矩阵 A 可逆与矩阵 A 非奇异是等价的概念，即可以用 $|A|\neq 0$ 判定矩阵 A 是否可逆.

推论 1　$|A^{-1}|=\frac{1}{|A|}$.

因为，$|AA^{-1}|=|A||A^{-1}|=|E|=1$，所以，$|A^{-1}|=\frac{1}{|A|}$.

推论 2　$|A^*|=|A|^{n-1}$.

因为 $A^*=A^{-1}|A|$，所以，$|A^*|=|A^{-1}|A||=|A|^n\frac{1}{|A|}=|A|^{n-1}$.

例 1　设矩阵 $A=\begin{pmatrix}1&1&2\\2&2&1\\0&1&2\end{pmatrix}$，判断矩阵 A 是否可逆？若可逆，求 A^{-1}.

解　因为 $|A|=3\neq 0$，故 A 可逆

$A_{11}=(-1)^{1+1}\begin{vmatrix}2&1\\1&2\end{vmatrix}=3$，$A_{12}=(-1)^{1+2}\begin{vmatrix}2&1\\0&2\end{vmatrix}=-4$，$A_{13}=(-1)^{1+3}\begin{vmatrix}2&2\\0&1\end{vmatrix}=2$，

依次类推

$$A_{21}=0,\ A_{22}=2,\ A_{23}=-1,\ A_{31}=-3,\ A_{32}=3,\ A_{33}=0,$$

则矩阵 A 的伴随矩阵 $A^*=\begin{pmatrix}3&0&-3\\-4&2&3\\2&-1&0\end{pmatrix}$，

所以 $A^{-1}=\frac{1}{|A|}A^*=\begin{pmatrix}1&0&-1\\-\frac{4}{3}&\frac{2}{3}&1\\\frac{2}{3}&-\frac{1}{3}&0\end{pmatrix}$.

伴随矩阵求逆在实际应用中，只有对三阶以下矩阵较为简便，四阶以及四阶以上就较为繁琐.

2. 克莱姆(Cramer)法则

用行列式解线性方程组，在本章开始已作了介绍，但只局限于解二、三元线性方程组，下面讨论 n 元线性方程组

$$\begin{cases}a_{11}x_1+a_{12}x_2+\cdots+a_{1n}x_n=b_1\\a_{21}x_1+a_{22}x_2+\cdots+a_{2n}x_n=b_2\\\quad\vdots\\a_{n1}x_1+a_{n2}x_2+\cdots+a_{nn}x_n=b_n\end{cases}\tag{1.6}$$

的解.

令 $\boldsymbol{A}=\begin{pmatrix} a_{11} & a_{12} & \cdots & a_{1n} \\ a_{21} & a_{22} & \cdots & a_{2n} \\ \vdots & \vdots & & \vdots \\ a_{n1} & a_{n2} & \cdots & a_{nn} \end{pmatrix}$，$\boldsymbol{X}=\begin{pmatrix} x_1 \\ x_2 \\ \vdots \\ x_n \end{pmatrix}$，$\boldsymbol{b}=\begin{pmatrix} b_1 \\ b_2 \\ \vdots \\ b_n \end{pmatrix}$，则方程组(1.6)可以写成矩阵形式 $\boldsymbol{AX}=\boldsymbol{b}$.

定理 2(克莱姆法则)　设含有 n 个方程 n 个未知量的线性方程组(1.6)的系数矩阵的行列式

$$D=|\boldsymbol{A}|=\begin{vmatrix} a_{11} & a_{12} & \cdots & a_{1n} \\ a_{21} & a_{22} & \cdots & a_{2n} \\ \vdots & \vdots & & \vdots \\ a_{n1} & a_{n2} & \cdots & a_{nn} \end{vmatrix}\neq 0,$$

则方程组(1.6)有唯一的一组解，且 $x_j=\dfrac{D_j}{D}(j=1,2,\cdots,n)$. 其中 D_j 是用常数列 $(b_1,b_2,\cdots,b_n)^{\mathrm{T}}$ 替换 D 中的第 j 列得到的 n 阶行列式.

证　根据方程组的矩阵形式 $\boldsymbol{AX}=\boldsymbol{b}$，由 $|\boldsymbol{A}|\neq 0$ 知 $\boldsymbol{A}$ 可逆，所以

$$\boldsymbol{X}=\boldsymbol{A}^{-1}\boldsymbol{b}=\frac{1}{|\boldsymbol{A}|}\boldsymbol{A}^{*}\boldsymbol{b}=\frac{1}{|\boldsymbol{A}|}\begin{pmatrix} A_{11} & A_{21} & \cdots & A_{n1} \\ A_{12} & A_{22} & \cdots & A_{n2} \\ \vdots & \vdots & & \vdots \\ A_{1n} & A_{2n} & \cdots & A_{nn} \end{pmatrix}\begin{pmatrix} b_1 \\ b_2 \\ \vdots \\ b_n \end{pmatrix},$$

即，$x_j=\dfrac{1}{|\boldsymbol{A}|}\sum\limits_{i=1}^{n}b_iA_{ij}\quad (j=1,2,\cdots,n)$.

其中，$\sum\limits_{i=1}^{n}b_iA_{ij}$ 就是 D 按第 j 列的展开式 $D=\sum\limits_{i=1}^{n}a_{ij}A_{ij}$ 中用 $b_1,b_2,\cdots,b_n$ 替换 D 的第 j 列元素 $a_{1j},a_{2j},\cdots,a_{nj}$ 得到的，即 $\sum\limits_{i=1}^{n}b_iA_{ij}=D_j$，故 $x_j=\dfrac{D_j}{D}\quad (j=1,2,\cdots,n)$.

显然，如果线性方程组的系数行列式 $|\boldsymbol{A}|\neq 0$，则方程组一定有解且有唯一的解，即表示如果线性方程组无解或有两个不同的解，则它的系数行列式必为零.

当线性方程组(1.6)的右端的常数项 $b_1,b_2,\cdots,b_n$ 不全为零时，线性方程组称为非齐次线性方程组；当 $b_1,b_2,\cdots,b_n$ 全为零时，线性方程组称为齐次线性方程组.

对于齐次线性方程组

$$\begin{cases} a_{11}x_1+a_{12}x_2+\cdots+a_{1n}x_n=0 \\ a_{21}x_1+a_{22}x_2+\cdots+a_{2n}x_n=0 \\ \qquad\qquad\vdots \\ a_{n1}x_1+a_{n2}x_2+\cdots+a_{nn}x_n=0 \end{cases}\tag{1.7}$$

有如下定理：

定理 3 对于齐次线性方程组 $\boldsymbol{AX}=0$，当 $|\boldsymbol{A}|\neq 0$ 时只有一组零解(未知数全取零的解)，若齐次线性方程组 $\boldsymbol{AX}=0$ 有非零解，则它的系数行列式 $|\boldsymbol{A}|=0$.

例 2 解方程组 $\begin{cases} x_1+x_2+x_3=0, \\ x_1+2x_2+3x_3=-1, \\ x_1+3x_2+6x_3=0. \end{cases}$

解 方程组的系数矩阵的行列式为 $D=\begin{vmatrix} 1 & 1 & 1 \\ 1 & 2 & 3 \\ 1 & 3 & 6 \end{vmatrix}=1\neq 0$，由克莱姆法则，此方程组仅有唯一一组解，

$$D_1=\begin{vmatrix} 0 & 1 & 1 \\ -1 & 2 & 3 \\ 0 & 3 & 6 \end{vmatrix}=3,\ D_2=\begin{vmatrix} 1 & 0 & 1 \\ 1 & -1 & 3 \\ 1 & 0 & 6 \end{vmatrix}=-5,\ D_3=\begin{vmatrix} 1 & 1 & 0 \\ 1 & 2 & -1 \\ 1 & 3 & 0 \end{vmatrix}=2,$$

则 $x_1=3$，$x_2=-5$，$x_3=2$.

用克莱姆法则求解方程组的方法有很大的局限性：第一，方程的系数矩阵必须是方阵；第二，方程的系数矩阵的行列式必须不等于零. 但很多线性方程组不满足这两个条件，而且对于未知量多于 4 个的方程组来说，即使能满足这两个条件，用克莱姆法则求解的计算量相当大，在实际应用中是不可行的.

例 3 问 λ 取何值时，齐次线性方程组 $\begin{cases} (1-\lambda)x_1-2x_2+4x_3=0, \\ 2x_1+(3-\lambda)x_2+x_3=0, \\ x_1+x_2+(1-\lambda)x_3=0 \end{cases}$ 有非零解？

解 系数行列式为

$$D=\begin{vmatrix} 1-\lambda & -2 & 4 \\ 2 & 3-\lambda & 1 \\ 1 & 1 & 1-\lambda \end{vmatrix}=\begin{vmatrix} 1-\lambda & -3+\lambda & 4 \\ 2 & 1-\lambda & 1 \\ 1 & 0 & 1-\lambda \end{vmatrix}$$
$$=(1-\lambda)^3+(\lambda-3)-4(1-\lambda)-2(1-\lambda)(-3+\lambda)$$
$$=-\lambda^3+5\lambda^2+6\lambda=-\lambda(\lambda-2)(\lambda-3).$$

令 $D=0$，得 $\lambda=0$，$\lambda=2$，$\lambda=3$.

因此，当 $\lambda=0$，$\lambda=2$ 或 $\lambda=3$ 时，该齐次线性方程组有非零解.

习题 1

1. 计算下列行列式.

(1) $\begin{vmatrix} 2 & -1 \\ 3 & 4 \end{vmatrix}$； (2) $\begin{vmatrix} 5 & -2 \\ 3 & -1 \end{vmatrix}$；

(3) $\begin{vmatrix} 1 & 2 & -3 \\ 2 & 1 & 1 \\ 3 & 0 & 5 \end{vmatrix}$；　　(4) $\begin{vmatrix} 2 & 1 & 3 \\ 0 & 1 & 1 \\ -7 & 3 & 4 \end{vmatrix}$.

2. 设 $D=\begin{vmatrix} 4 & 1 & 3 & -2 \\ 3 & 3 & 3 & -6 \\ -1 & 2 & 0 & 7 \\ 1 & 2 & 9 & -2 \end{vmatrix}$，

(1) 求证：$A_{31}+A_{32}+A_{33}=2A_{34}$；

(2) 求 $3M_{11}-M_{21}+M_{31}+M_{41}$.

3. 计算下列行列式.

(1) $\begin{vmatrix} 0 & -1 & -1 & 2 \\ 1 & -1 & 0 & 2 \\ -1 & 2 & -1 & 0 \\ 2 & 1 & 1 & 0 \end{vmatrix}$；　　(2) $\begin{vmatrix} 0 & 1 & 3 & -2 \\ 1 & 0 & -2 & 1 \\ 3 & -2 & 7 & 2 \\ -2 & 1 & 2 & 4 \end{vmatrix}$；

(3) $\begin{vmatrix} 1-a & 1 & 1 & 1 \\ 1 & 1-a & 1 & 1 \\ 1 & 1 & 1+b & 1 \\ 1 & 1 & 1 & 1-b \end{vmatrix}$；　　(4) $\begin{vmatrix} 1 & 1 & 1 & 1 \\ a & x & a & a \\ b & b & x & b \\ c & c & c & x \end{vmatrix}$.

4. 计算下列 n 阶行列式.

(1) $\begin{vmatrix} 1 & 2 & 3 & \cdots & n-1 & n \\ -1 & 0 & 3 & \cdots & n-1 & n \\ -1 & -2 & 0 & \cdots & n-1 & n \\ \vdots & \vdots & \vdots & & \vdots & \vdots \\ -1 & -2 & -3 & \cdots & 0 & n \\ -1 & -2 & -3 & \cdots & -(n-1) & 0 \end{vmatrix}$；

(2) $\begin{vmatrix} 1 & 1 & \cdots & 1 & -n \\ 1 & 1 & \cdots & -n & 1 \\ \vdots & \vdots & & \vdots & \vdots \\ 1 & -n & \cdots & 1 & 1 \\ -n & 1 & \cdots & 1 & 1 \end{vmatrix}$ (n 阶)；

(3) $\begin{vmatrix} 1+a_1 & 1 & 1 & \cdots & 1 \\ 1 & 1+a_2 & 1 & \cdots & 1 \\ 1 & 1 & 1+a_3 & \cdots & 1 \\ \vdots & \vdots & \vdots & & \vdots \\ 1 & 1 & 1 & \cdots & 1+a_n \end{vmatrix}$ $(a_1a_2\cdots a_n\neq 0)$；

(4) $\begin{vmatrix} x & a_1 & a_2 & \cdots & a_n \\ a_1 & x & a_2 & \cdots & a_n \\ a_1 & a_2 & x & \cdots & a_n \\ \vdots & \vdots & \vdots & & \vdots \\ a_1 & a_2 & a_3 & \cdots & x \end{vmatrix}$.

5. 设 $\boldsymbol{\gamma}_1, \boldsymbol{\gamma}_2, \boldsymbol{\gamma}_3, \boldsymbol{\alpha}, \boldsymbol{\beta}$ 均为四维列向量，$\boldsymbol{A}=(\boldsymbol{\gamma}_1, \boldsymbol{\gamma}_2, \boldsymbol{\gamma}_3, \boldsymbol{\alpha})$，$\boldsymbol{B}=(\boldsymbol{\gamma}_1, \boldsymbol{\gamma}_2, \boldsymbol{\gamma}_3, \boldsymbol{\beta})$，已知 $|\boldsymbol{A}|=2$，$|\boldsymbol{B}|=3$，求 $|\boldsymbol{A}+\boldsymbol{B}|$.

6. 设 $\boldsymbol{A}, \boldsymbol{B}$ 均为 3 阶方阵，$|\boldsymbol{A}|=2$，$|\boldsymbol{B}|=-3$，求行列式 $2|\boldsymbol{AB}|$ 的值.

7. 设 $\boldsymbol{A}=\begin{pmatrix} 2 & & \\ & 1 & \\ & & 1 \end{pmatrix}$，$\boldsymbol{B}=\begin{pmatrix} -3 & 0 & 0 \\ 92 & 2 & 0 \\ 79 & 48 & 1 \end{pmatrix}$，求 $|\boldsymbol{AB}|+|\boldsymbol{B}^{-1}|$.

8. 设 $\boldsymbol{A}$ 是三阶方阵，且 $|\boldsymbol{A}|=\dfrac{1}{2}$，则求 $|\boldsymbol{A}^{-1}-4\boldsymbol{A}^*|$.

9. 设 $\boldsymbol{A}=\begin{pmatrix} 1 & 0 & 0 \\ 2 & 2 & 0 \\ 3 & 4 & 5 \end{pmatrix}$，求 $(\boldsymbol{A}^*)^{-1}$.

10. 设 $n(n\geqslant 2)$ 阶矩阵 $\boldsymbol{A}$ 非奇异，$\boldsymbol{A}^*$ 是 $\boldsymbol{A}$ 的伴随矩阵，求 $(\boldsymbol{A}^*)^*$.

11. 利用行列式，判断下列矩阵是否可逆，若可逆，用伴随矩阵求其逆.

(1) $\begin{pmatrix} 1 & 2 \\ 3 & 4 \end{pmatrix}$；

(2) $\begin{pmatrix} 1 & 2 \\ 3 & 6 \end{pmatrix}$；

(3) $\begin{pmatrix} 1 & 1 & -1 \\ 2 & -1 & 0 \\ -2 & 1 & 0 \end{pmatrix}$；

(4) $\begin{pmatrix} 2 & 1 & 3 \\ 0 & 1 & 2 \\ 1 & 0 & 3 \end{pmatrix}$.

12. 用克莱姆法则求解下列线性方程组.

(1) $\begin{cases} 2x_1+5x_1=1, \\ 3x_1+7x_2=2; \end{cases}$

(2) $\begin{cases} x_1+x_2-2x_3=-3, \\ 5x_1-2x_2+7x_3=22, \\ 2x_1-5x_2+4x_3=4; \end{cases}$

(3) $\begin{cases} 2x_1+x_2-5x_3+x_4=8, \\ x_1-3x_2-6x_4=9, \\ 2x_2-x_3+2x_4=-5, \\ x_1+4x_2-7x_3+6x_4=0; \end{cases}$

(4) $\begin{cases} 2x_1+2x_2-x_3+x_4=4, \\ 4x_1+3x_2-x_3+2x_4=6, \\ 8x_1+3x_2-3x_3+4x_4=12, \\ 3x_1+3x_2-2x_3-2x_4=6. \end{cases}$

13. 如果齐次线性方程组有非零解，λ 应取什么值？

$$\begin{cases} \lambda x_1+x_2+x_3=0, \\ x_1+\lambda x_2-x_3=0, \\ 2x_1-x_2+x_3=0. \end{cases}$$

14. λ 取什么值时，齐次线性方程组$\begin{cases}\lambda x_1 + x_2 - x_3 = 0, \\ x_1 + \lambda x_2 - x_3 = 0, \\ 2x_1 - x_2 + x_3 = 0\end{cases}$仅有零解？

15. 当 λ，μ 取何值时，齐次线性方程组$\begin{cases}\lambda x_1 + x_2 + x_3 = 0, \\ x_1 + \mu x_2 + x_3 = 0, \\ x_1 + 2\mu x_2 + x_3 = 0\end{cases}$有非零解？

第2章　矩阵

线性代数是研究多个变量与多个变量之间的线性(一次)关系．在线性代数中，矩阵是主要的研究对象．矩阵是数量关系的一种表现形式，是将一个有序数表作为一个整体来研究，使问题变得简洁明了．

2.1　矩阵的概念

定义 2.1　由 $m\times n$ 个数 a_{ij} $(i=1, 2, \cdots, m; j=1, 2, \cdots, n)$ 排成的 m 行 n 列的矩形数表

$$\begin{pmatrix} a_{11} & a_{12} & \cdots & a_{1n} \\ a_{21} & a_{22} & \cdots & a_{2n} \\ \vdots & \vdots & & \vdots \\ a_{m1} & a_{m2} & \cdots & a_{mn} \end{pmatrix}$$

称为 $m\times n$ 矩阵．通常用大写字母 $\boldsymbol{A}$，$\boldsymbol{B}$，$\boldsymbol{C}$，$\cdots$ 表示矩阵，如记作 $\boldsymbol{A}$ 或 $\boldsymbol{A}_{m\times n}$，也可记作 $(a_{ij})_{m\times n}$．其中，a_{ij} 称为矩阵第 i 行第 j 列的元素，下标 i 和 j 分别称为行标和列标．

元素全为实数的矩阵称为实矩阵，元素全为复数的矩阵称为复矩阵．本书中若无特别强调，均指实矩阵．

若矩阵 $\boldsymbol{A}$ 的行数和列数都等于 n，则称 $\boldsymbol{A}$ 为 n 阶矩阵，或称为 n 阶方阵．n 阶方阵 $\boldsymbol{A}$ 记作 $\boldsymbol{A}_n$．

只有一行的矩阵称为**行矩阵**，也可称为**行向量**．记作 $\boldsymbol{A}=(a_1, a_2, \cdots, a_n)$．

只有一列的矩阵称为**列矩阵**，也可称为**列向量**．记作 $\boldsymbol{B}=\begin{pmatrix} b_1 \\ b_2 \\ \vdots \\ b_n \end{pmatrix}$．

两个矩阵的行数相等、列数也相等，称为**同型矩阵**．若矩阵 $\boldsymbol{A}=(a_{ij})$ 与 $\boldsymbol{B}=(b_{ij})$ 是同型矩阵，且对所有 i，j 都有 $a_{ij}=b_{ij}$，则称矩阵 $\boldsymbol{A}=\boldsymbol{B}$．例如由 $\begin{pmatrix} 3 & x & -1 \\ y & 2 & 1 \end{pmatrix}=\begin{pmatrix} z & 1 & -1 \\ 3 & 2 & 1 \end{pmatrix}$，可得 $x=1$，$y=3$，$z=3$．

2.2　几种特殊矩阵

(1) **零矩阵**　所有元素均为0的矩阵称为**零矩阵**，记为$\boldsymbol{O}$.

(2) **负矩阵**　矩阵$\boldsymbol{A}=(a_{ij})$中各个元素变号得到的矩阵，叫作矩阵$\boldsymbol{A}$的**负矩阵**，记作$-\boldsymbol{A}=(-a_{ij})$.

(3) **对角矩阵**　主对角线以外的元素全为零的方阵(即$a_{ij}=0$，$i\neq j$)称为**对角矩阵**或者**对角方阵**，形如

$$\boldsymbol{\Lambda}=\begin{pmatrix} a_1 & 0 & \cdots & 0 \\ 0 & a_2 & \cdots & 0 \\ \vdots & \vdots & & \vdots \\ 0 & 0 & \cdots & a_n \end{pmatrix}\text{或}\begin{pmatrix} a_1 & & \cdots & \\ & a_2 & \cdots & \\ \vdots & \vdots & & \vdots \\ & & \cdots & a_n \end{pmatrix}\text{简记作 diag}(a_1, a_2, \cdots, a_n).$$

(4) **数量矩阵**　如果n阶对角矩阵$\boldsymbol{A}$中的元素$a_{11}=a_{22}=\cdots=a_{nn}=a$($a$为常数)时，称$\boldsymbol{A}$为$n$阶**数量矩阵**，即$\boldsymbol{A}=\begin{pmatrix} a & & \cdots & \\ & a & \cdots & \\ \vdots & \vdots & & \vdots \\ & & \cdots & a \end{pmatrix}$.

(5) **单位矩阵**　当$a=1$时，则称此矩阵为n阶**单位矩阵**，记作$\boldsymbol{I}_n$，$\boldsymbol{I}$或$\boldsymbol{E}_n$，$\boldsymbol{E}$. 即

$$\boldsymbol{I}=\begin{pmatrix} 1 & & & \\ & 1 & & \\ & & \ddots & \\ & & & 1 \end{pmatrix}.$$

(6) **上三角矩阵**　主对角线以下的元素全为零的n阶方阵为**上三角矩阵**(注：空白处元素为零). 即

$$\begin{pmatrix} a_{11} & a_{12} & \cdots & a_{1n} \\ & a_{22} & \cdots & a_{2n} \\ & & \ddots & \vdots \\ & & & a_{nn} \end{pmatrix}.$$

(7) **下三角矩阵**　主对角线以上的元素全为零的n阶方阵为**下三角矩阵**. 即

$$\begin{pmatrix} a_{11} & & & \\ a_{21} & a_{22} & & \\ \vdots & \vdots & \ddots & \\ a_{n1} & a_{n2} & \cdots & a_{nn} \end{pmatrix}.$$

(8) **转置矩阵**　把$m\times n$矩阵$\boldsymbol{A}=(a_{ij})$的各行依次改为列(必然的$\boldsymbol{A}$的列依次改为

行)，所得到的 $n\times m$ 矩阵称为 $\boldsymbol{A}$ 的**转置矩阵**或 $\boldsymbol{A}$ 的转置，记为 $\boldsymbol{A}^{\mathrm{T}}$. 即，

$$若\ \boldsymbol{A}=\begin{pmatrix} a_{11} & a_{12} & \cdots & a_{1n} \\ a_{21} & a_{22} & \cdots & a_{2n} \\ \vdots & \vdots & & \vdots \\ a_{m1} & a_{m2} & \cdots & a_{mn} \end{pmatrix}，则\ \boldsymbol{A}^{\mathrm{T}}=\begin{pmatrix} a_{11} & a_{12} & \cdots & a_{1m} \\ a_{21} & a_{22} & \cdots & a_{2m} \\ \vdots & \vdots & & \vdots \\ a_{n1} & a_{n2} & \cdots & a_{nm} \end{pmatrix}.$$

对称矩阵　满足 $\boldsymbol{A}^{\mathrm{T}}=\boldsymbol{A}$ 的矩阵 $\boldsymbol{A}$ 称为**对称矩阵**

注：显然对称矩阵一定是方阵，即 $m=n$，方阵 $\boldsymbol{A}=(a_{ij})$ 为对称矩阵的充要条件是对一切 i，j 有 $a_{ij}=a_{ji}$.

反对称矩阵　满足 $\boldsymbol{A}^{\mathrm{T}}=-\boldsymbol{A}$ 的矩阵 $\boldsymbol{A}$ 称为**反对称矩阵**.

注：显然反对称矩阵的充要条件是对一切 i，j 有 $a_{ij}=-a_{ji}$，因此反对称矩阵的主对角线元素都是 0.

2.3　矩阵的运算

1. 矩阵的线性运算

定义 2.2　设 $\boldsymbol{A}=(a_{ij})_{m\times n}$，$\boldsymbol{B}=(b_{ij})_{m\times n}$，称 $(a_{ij}+b_{ij})_{m\times n}$ 为 $\boldsymbol{A}$ 与 $\boldsymbol{B}$ 相加所得的和，记为 $\boldsymbol{A}+\boldsymbol{B}$，即

$$\boldsymbol{A}+\boldsymbol{B}=\begin{pmatrix} a_{11}+b_{11} & a_{12}+b_{12} & \cdots & a_{1n}+b_{1n} \\ a_{21}+b_{21} & a_{22}+b_{22} & \cdots & a_{2n}+b_{2n} \\ \vdots & \vdots & & \vdots \\ a_{m1}+b_{m1} & a_{m2}+b_{m2} & \cdots & a_{mn}+b_{mn} \end{pmatrix}.$$

显然，两个矩阵只有当它们是同型矩阵时才能相加，并且规则是对应位置的元素相加.

定义 2.3　设 $\boldsymbol{A}=(a_{ij})_{m\times n}$，$k$ 是实数，称 $(ka_{ij})_{m\times n}=\begin{pmatrix} ka_{11} & ka_{12} & \cdots & ka_{1n} \\ ka_{21} & ka_{22} & \cdots & ka_{2n} \\ \vdots & \vdots & & \vdots \\ ka_{m1} & ka_{m2} & \cdots & ka_{mn} \end{pmatrix}$ 为数 k 和矩阵 $\boldsymbol{A}$(数乘) 的积，记为 $k\boldsymbol{A}$ 或 $\boldsymbol{A}k$.

显然，数与矩阵的积就是用数 k 乘矩阵的每一个元素.

矩阵 $\boldsymbol{A}$ 的负矩阵 $-\boldsymbol{A}=(-1)\boldsymbol{A}$，由此可定义矩阵的减法：$\boldsymbol{A}_{m\times n}-\boldsymbol{B}_{m\times n}=\boldsymbol{A}_{m\times n}+(-\boldsymbol{B})_{m\times n}$. 即

$$A-B=\begin{pmatrix} a_{11}-b_{11} & a_{12}-b_{12} & \cdots & a_{1n}-b_{1n} \\ a_{21}-b_{21} & a_{22}-b_{22} & \cdots & a_{2n}-b_{2n} \\ \vdots & \vdots & & \vdots \\ a_{m1}-b_{m1} & a_{m2}-b_{m2} & \cdots & a_{mn}-b_{mn} \end{pmatrix}.$$

矩阵的加法和数乘称为矩阵的线性运算. 线性运算有以下性质：

(1) 交换律：$\boldsymbol{A}+\boldsymbol{B}=\boldsymbol{B}+\boldsymbol{A}$；

(2) 结合律：$(\boldsymbol{A}+\boldsymbol{B})+\boldsymbol{C}=\boldsymbol{A}+(\boldsymbol{B}+\boldsymbol{C})$；

(3) $\boldsymbol{A}+\boldsymbol{O}=\boldsymbol{A}$；

(4) $\boldsymbol{A}+(-\boldsymbol{A})=\boldsymbol{O}$；

(5) $1\cdot\boldsymbol{A}=\boldsymbol{A}$；

(6) $k(\boldsymbol{A}+\boldsymbol{B})=k\boldsymbol{A}+k\boldsymbol{B}$；

(7) $(k+l)\boldsymbol{A}=k\boldsymbol{A}+l\boldsymbol{A}$；

(8) $k(l\boldsymbol{A})=kl\boldsymbol{A}$.

以上 $\boldsymbol{A}$，$\boldsymbol{B}$，$\boldsymbol{C}$ 都是 $m\times n$ 矩阵，k，l 是实数.

例 1 已知矩阵 $\boldsymbol{A}=\begin{pmatrix} 3 & -2 & 7 & 5 \\ 1 & 0 & 4 & -3 \\ 6 & 8 & 0 & 2 \end{pmatrix}$，$\boldsymbol{B}=\begin{pmatrix} -2 & 0 & 1 & 4 \\ 5 & -1 & 7 & 6 \\ 4 & -2 & 1 & -9 \end{pmatrix}$，求 $3\boldsymbol{A}-2\boldsymbol{B}$，$3\boldsymbol{A}+2\boldsymbol{B}$.

解 $3\boldsymbol{A}=\begin{pmatrix} 9 & -6 & 21 & 15 \\ 3 & 0 & 12 & -9 \\ 18 & 24 & 0 & 6 \end{pmatrix}$，$2\boldsymbol{B}=\begin{pmatrix} -4 & 0 & 2 & 8 \\ 10 & -2 & 14 & 12 \\ 8 & -4 & 2 & -18 \end{pmatrix}$，

$$3\boldsymbol{A}-2\boldsymbol{B}=\begin{pmatrix} 13 & -6 & 19 & 7 \\ -7 & 2 & -2 & -21 \\ 10 & 28 & -2 & 24 \end{pmatrix}，3\boldsymbol{A}+2\boldsymbol{B}=\begin{pmatrix} 5 & -6 & 23 & 23 \\ 13 & -2 & 26 & 3 \\ 26 & 20 & 2 & -12 \end{pmatrix}.$$

2. 矩阵的乘法

应用实例 某装配工厂把四种零部件装配成三种产品，用 a_{ij} 表示组装一个第 i 种产品($i=1$，2，3)需要第 j 种零部件的个数($j=1$，2，3，4). 每种零部件又有国产和进口之分，用 b_{j1} 和 b_{j2} 分别表示国产的和进口的第 j 种零件的单价($j=1$，2，3，4). 记

$$\boldsymbol{A}=\begin{pmatrix} a_{11} & a_{12} & a_{13} & a_{14} \\ a_{21} & a_{22} & a_{23} & a_{24} \\ a_{31} & a_{32} & a_{33} & a_{34} \end{pmatrix}，\boldsymbol{B}=\begin{pmatrix} b_{11} & b_{12} \\ b_{21} & b_{22} \\ b_{31} & b_{32} \\ b_{41} & b_{42} \end{pmatrix}，$$

则用国产或进口零件生产一个第 i 种产品，在零件方面的成本分别是：

$$c_{i1}=a_{i1}b_{11}+a_{i2}b_{21}+a_{i3}b_{31}+a_{i4}b_{41}$$
$$c_{i2}=a_{i1}b_{12}+a_{i2}b_{22}+a_{i3}b_{32}+a_{i4}b_{42} \quad (i=1,2,3)$$

可以注意到c_{ij}是$\boldsymbol{A}$的第i行与$\boldsymbol{B}$的第j列对应元素乘积之和. 以c_{ij}为元素可以得到一个3×2的矩阵

$$\boldsymbol{C}=\begin{pmatrix} c_{11} & c_{12} \\ c_{21} & c_{22} \\ c_{31} & c_{32} \end{pmatrix},$$

我们把这种运算定义为乘法运算.

定义 2.4 设$\boldsymbol{A}=(a_{ij})_{m\times s}$，$\boldsymbol{B}=(b_{ij})_{s\times n}$，令

$$c_{ij}=\sum_{k=1}^{s}a_{ik}b_{kj}=a_{i1}b_{1j}+a_{i2}b_{2j}+\cdots+a_{is}b_{sj} \quad (i=1,\cdots,m;\ j=1,\cdots,n),$$

称$\boldsymbol{C}=(c_{ij})_{m\times n}$为矩阵$\boldsymbol{A}$与$\boldsymbol{B}$的积，记为$\boldsymbol{C}=\boldsymbol{AB}$.

由定义可知，矩阵乘积$\boldsymbol{AB}$有意义的前提是$\boldsymbol{A}$的列数等于$\boldsymbol{B}$的行数；这时$\boldsymbol{AB}$的行数与列数分别为$\boldsymbol{A}$的行数与$\boldsymbol{B}$的列数；$\boldsymbol{AB}$的第i行第j列元素等于$\boldsymbol{A}$的第i行与$\boldsymbol{B}$的第j列对应元素乘积之和.

思考 如何将n元一次线性方程组简洁地写成矩阵的形式.

例 2 设矩阵$\boldsymbol{A}=\begin{pmatrix} 0 & 0 \\ 0 & 1 \end{pmatrix}$，$\boldsymbol{B}=\begin{pmatrix} 0 & 1 \\ 0 & 0 \end{pmatrix}$，求$\boldsymbol{AB}$和$\boldsymbol{BA}$.

解 $\boldsymbol{AB}=\begin{pmatrix} 0 & 0 \\ 0 & 1 \end{pmatrix}\begin{pmatrix} 0 & 1 \\ 0 & 0 \end{pmatrix}=\begin{pmatrix} 0 & 0 \\ 0 & 0 \end{pmatrix}$，$\boldsymbol{BA}=\begin{pmatrix} 0 & 1 \\ 0 & 0 \end{pmatrix}\begin{pmatrix} 0 & 0 \\ 0 & 1 \end{pmatrix}=\begin{pmatrix} 0 & 1 \\ 0 & 0 \end{pmatrix}$.

可见矩阵的乘法一般不满足交换律，即$\boldsymbol{AB}$不一定等于$\boldsymbol{BA}$，为了区别相乘的次序，称$\boldsymbol{AB}$为“$\boldsymbol{A}$右乘以$\boldsymbol{B}$”或“$\boldsymbol{B}$左乘以$\boldsymbol{A}$”. 只有在特定的条件下才有$\boldsymbol{AB}=\boldsymbol{BA}$，这时称$\boldsymbol{A}$，$\boldsymbol{B}$是可交换矩阵.

例 3 设矩阵$\boldsymbol{A}=\begin{pmatrix} 1 & 2 & -2 \\ 3 & 2 & 4 \end{pmatrix}$，$\boldsymbol{B}=\begin{pmatrix} 1 & 4 & -1 \\ 3 & 1 & -3 \end{pmatrix}$，$\boldsymbol{C}=\begin{pmatrix} 1 & 1 \\ 0 & 0 \\ 0 & 0 \end{pmatrix}$，求$\boldsymbol{AC}$和$\boldsymbol{BC}$.

解 $\boldsymbol{AC}=\begin{pmatrix} 1 & 2 & -2 \\ 3 & 2 & 4 \end{pmatrix}\begin{pmatrix} 1 & 1 \\ 0 & 0 \\ 0 & 0 \end{pmatrix}=\begin{pmatrix} 1 & 1 \\ 3 & 3 \end{pmatrix}$，$\boldsymbol{BC}=\begin{pmatrix} 1 & 4 & -1 \\ 3 & 1 & -3 \end{pmatrix}\begin{pmatrix} 1 & 1 \\ 0 & 0 \\ 0 & 0 \end{pmatrix}=\begin{pmatrix} 1 & 1 \\ 3 & 3 \end{pmatrix}$.

可见$\boldsymbol{AC}=\boldsymbol{BC}$，$\boldsymbol{C}\neq\boldsymbol{O}$但$\boldsymbol{A}\neq\boldsymbol{B}$，矩阵乘法运算不满足消去律；同样值得注意的是，仅由$\boldsymbol{AB}=\boldsymbol{O}$不能推断$\boldsymbol{A}=\boldsymbol{O}$或$\boldsymbol{B}=\boldsymbol{O}$，例如$\begin{pmatrix} 1 & -2 \\ -1 & 2 \end{pmatrix}\begin{pmatrix} 2 & 2 \\ 1 & 1 \end{pmatrix}=\begin{pmatrix} 0 & 0 \\ 0 & 0 \end{pmatrix}$，但矩阵的乘法仍满足下列运算律：（假定等式的左端或右端有意义）

(1) 结合律：$(\boldsymbol{AB})\boldsymbol{C}=\boldsymbol{A}(\boldsymbol{BC})$；

(2) 左分配律：$\boldsymbol{A}(\boldsymbol{B}+\boldsymbol{C})=\boldsymbol{AB}+\boldsymbol{AC}$；右分配律：$(\boldsymbol{B}+\boldsymbol{C})\boldsymbol{A}=\boldsymbol{BA}+\boldsymbol{CA}$；

(3) $k(\boldsymbol{AB})=(k\boldsymbol{A})\boldsymbol{B}=\boldsymbol{A}(k\boldsymbol{B})$.

应用实例(矩阵在图形学上的应用)　平面图形由一个封闭曲线围成的区域构成.如字母 L 由 a，b，c，d，e，f 的连线构成，如将这 6 个点的坐标记录下来，便可由此生成这个字母. 将 6 个点的坐标按矩阵 $\boldsymbol{A}=\begin{pmatrix}0 & 4 & 4 & 1 & 1 & 0\\ 0 & 0 & 1 & 1 & 6 & 6\end{pmatrix}$ 记录下来，第 i 个行向量就是第 i 个点的坐标. 数乘矩阵 $k\boldsymbol{A}$ 所对应的图形相当于把图形放大 k 倍，用矩阵 $\boldsymbol{P}=\begin{pmatrix}1 & 0.25\\ 0 & 1\end{pmatrix}$ 乘 $\boldsymbol{A}$，$\boldsymbol{PA}=\begin{pmatrix}0 & 4 & 4.25 & 1.25 & 2.5 & 1.5\\ 0 & 0 & 1 & 1 & 6 & 6\end{pmatrix}$ 矩阵 $\boldsymbol{PA}$ 所对应的字母变成斜体.

定义 2.5　设 $\boldsymbol{A}$ 为方阵，规定 $\boldsymbol{A}^0=\boldsymbol{I}$，$\boldsymbol{A}^1=\boldsymbol{A}$，$\boldsymbol{A}^2=\boldsymbol{AA}$，…，$\boldsymbol{A}^{k+1}=\boldsymbol{A}^k\boldsymbol{A}^1$($k$ 为正整数).

根据矩阵乘法的结合律，易证方阵的幂有以下性质：

(1) $\boldsymbol{A}^k\boldsymbol{A}^l=\boldsymbol{A}^{k+l}$；

(2) $(\boldsymbol{A}^k)^l=\boldsymbol{A}^{kl}$，其中 k，l 均为正整数.

值得注意的是，对于 n 阶方阵 $\boldsymbol{A}$，$\boldsymbol{B}$，因为矩阵乘法不满足交换律，所以一般而言 $(\boldsymbol{AB})^k\neq\boldsymbol{A}^k\boldsymbol{B}^k$，只有当 $\boldsymbol{A}$、$\boldsymbol{B}$ 可交换时，才有 $(\boldsymbol{AB})^k=\boldsymbol{A}^k\boldsymbol{B}^k$.

思考　对于 n 阶方阵 $\boldsymbol{A}$，$\boldsymbol{B}$，乘法公式 $(\boldsymbol{A}+\boldsymbol{B})^2=\boldsymbol{A}^2+2\boldsymbol{AB}+\boldsymbol{B}^2$ 以及二项式定理，是否无条件成立？如不是，附加何种条件后，能够确保成立？

3. 转置矩阵的运算律

(1) $(\boldsymbol{A}^{\mathrm{T}})^{\mathrm{T}}=\boldsymbol{A}$；

(2) $(\boldsymbol{A}+\boldsymbol{B})^{\mathrm{T}}=\boldsymbol{A}^{\mathrm{T}}+\boldsymbol{B}^{\mathrm{T}}$；

(3) $(\lambda\boldsymbol{A})^{\mathrm{T}}=\lambda\boldsymbol{A}^{\mathrm{T}}$($\lambda$ 为实数)；

(4) $(\boldsymbol{AB})^{\mathrm{T}}=\boldsymbol{B}^{\mathrm{T}}\boldsymbol{A}^{\mathrm{T}}$.

证　仅证(4). 设 $\boldsymbol{A}=(a_{ij})_{m\times s}$，$\boldsymbol{B}=(b_{ij})_{s\times n}$，记 $\boldsymbol{AB}=\boldsymbol{C}=(c_{ij})_{m\times n}$，$\boldsymbol{B}^{\mathrm{T}}\boldsymbol{A}^{\mathrm{T}}=\boldsymbol{D}=(d_{ij})_{n\times m}$，$(\boldsymbol{AB})^{\mathrm{T}}$ 的第 i 行第 j 列元素就是 $\boldsymbol{AB}$ 的第 j 行第 i 列的元素：$c_{ji}=a_{j1}b_{1i}+a_{j2}b_{2i}+\cdots+a_{js}b_{si}$，而 $\boldsymbol{B}^{\mathrm{T}}\boldsymbol{A}^{\mathrm{T}}$ 的第 i 行第 j 列元素是 $\boldsymbol{B}^{\mathrm{T}}$ 的第 i 行 $(b_{1i}, b_{2i}, \cdots, b_{si})$ 与 $\boldsymbol{A}^{\mathrm{T}}$ 的第 j 列 $(a_{j1}, a_{j2}, \cdots, a_{js})^{\mathrm{T}}$ 的乘积，所以 $d_{ji}=b_{1i}a_{j1}+b_{2i}a_{j2}+\cdots+b_{si}a_{js}$，$d_{ij}=c_{ji}(i=1, 2, \cdots, n;\ j=1, 2, \cdots, m)$. 即 $(\boldsymbol{AB})^{\mathrm{T}}=\boldsymbol{B}^{\mathrm{T}}\boldsymbol{A}^{\mathrm{T}}$.

例如，矩阵 $\boldsymbol{A}=\begin{pmatrix}2 & 0 & -1\\ 1 & 2 & 3\end{pmatrix}$，$\boldsymbol{B}=\begin{pmatrix}1 & 4 & -1\\ 0 & 2 & 3\\ 2 & 0 & 1\end{pmatrix}$，

$$\boldsymbol{AB}=\begin{pmatrix}2 & 0 & -1\\ 1 & 2 & 3\end{pmatrix}\begin{pmatrix}1 & 4 & -1\\ 0 & 2 & 3\\ 2 & 0 & 1\end{pmatrix}=\begin{pmatrix}0 & 8 & -3\\ 7 & 8 & 8\end{pmatrix},$$

$$(\boldsymbol{AB})^{\mathrm{T}}=\begin{pmatrix}0 & 7\\ 8 & 8\\ -3 & 8\end{pmatrix}，而\ \boldsymbol{B}^{\mathrm{T}}\boldsymbol{A}^{\mathrm{T}}=\begin{pmatrix}1 & 0 & 2\\ 4 & 2 & 0\\ -1 & 3 & 1\end{pmatrix}\begin{pmatrix}2 & 1\\ 0 & 2\\ -1 & 3\end{pmatrix}=\begin{pmatrix}0 & 7\\ 8 & 8\\ -3 & 8\end{pmatrix}=(\boldsymbol{AB})^{\mathrm{T}}.$$

2.4 逆矩阵

上一节中，我们介绍了矩阵的加法、减法、乘法，本节要讨论的问题是对于矩阵的乘法是否也和数的乘法一样有逆运算.

定义 2.6 设 $\boldsymbol{A}$ 是一个 n 阶方阵，如果存在 n 阶方阵 $\boldsymbol{B}$，使得 $\boldsymbol{AB}=\boldsymbol{BA}=\boldsymbol{E}$，则称 $\boldsymbol{B}$ 是 $\boldsymbol{A}$ 的一个逆矩阵或 $\boldsymbol{A}$ 的逆，记为 $\boldsymbol{A}^{-1}$，并称 $\boldsymbol{A}$ 为可逆矩阵.

逆矩阵的唯一性：如果矩阵 $\boldsymbol{A}$ 是可逆的，那么 $\boldsymbol{A}$ 的逆矩阵是唯一的.

事实上，若 $\boldsymbol{B}_1$ 和 $\boldsymbol{B}_2$ 都是 $\boldsymbol{A}$ 的逆矩阵，则有 $\boldsymbol{AB}_1=\boldsymbol{B}_1\boldsymbol{A}=\boldsymbol{E}$，$\boldsymbol{AB}_2=\boldsymbol{B}_2\boldsymbol{A}=\boldsymbol{E}$，于是根据矩阵乘法的结合律及单位矩阵的性质有：$\boldsymbol{B}_1=\boldsymbol{B}_1\boldsymbol{E}=\boldsymbol{B}_1(\boldsymbol{AB}_2)=(\boldsymbol{B}_1\boldsymbol{A})\boldsymbol{B}_2=\boldsymbol{EB}_2=\boldsymbol{B}_2$，即 $\boldsymbol{B}_1=\boldsymbol{B}_2$，所以逆矩阵是惟一的.

可逆矩阵的性质：

(1) 若 $\boldsymbol{A}$ 可逆，则 $\boldsymbol{A}^{-1}$ 也可逆，且 $(\boldsymbol{A}^{-1})^{-1}=\boldsymbol{A}$；

(2) 若 $\boldsymbol{A}$ 可逆，数 $\lambda\neq 0$，则 $\lambda\boldsymbol{A}$ 可逆，且 $(\lambda\boldsymbol{A})^{-1}=\dfrac{1}{\lambda}\boldsymbol{A}^{-1}$；

(3) 若 $\boldsymbol{A}$ 可逆，那么 $\boldsymbol{A}^{\mathrm{T}}$ 也可逆，且 $(\boldsymbol{A}^{\mathrm{T}})^{-1}=(\boldsymbol{A}^{-1})^{\mathrm{T}}$；

(4) 若 $\boldsymbol{A}$，$\boldsymbol{B}$ 均为 n 阶可逆阵，则 $\boldsymbol{AB}$ 也可逆，且 $(\boldsymbol{AB})^{-1}=\boldsymbol{B}^{-1}\boldsymbol{A}^{-1}$.

下面证明性质(4)，其余性质的证明请读者完成.

证 因 $\boldsymbol{A}^{-1}$、$\boldsymbol{B}^{-1}$ 存在，又 $(\boldsymbol{AB})(\boldsymbol{B}^{-1}\boldsymbol{A}^{-1})=\boldsymbol{ABB}^{-1}\boldsymbol{A}^{-1}=\boldsymbol{AEA}^{-1}=\boldsymbol{AA}^{-1}=\boldsymbol{E}$，

$$(\boldsymbol{B}^{-1}\boldsymbol{A}^{-1})(\boldsymbol{AB})=\boldsymbol{B}^{-1}(\boldsymbol{A}^{-1}\boldsymbol{A})\boldsymbol{B}=\boldsymbol{B}^{-1}\boldsymbol{EB}=\boldsymbol{B}^{-1}\boldsymbol{B}=\boldsymbol{E},$$

可知 $\boldsymbol{B}^{-1}\boldsymbol{A}^{-1}$ 是 $\boldsymbol{AB}$ 的逆矩阵.

推广：如果 $\boldsymbol{A}_1$，$\boldsymbol{A}_2$，…，$\boldsymbol{A}_s$ 都是同阶可逆阵，那么 $\boldsymbol{A}_1\boldsymbol{A}_2\cdots\boldsymbol{A}_s$ 也是可逆矩阵，且

$$(\boldsymbol{A}_1\boldsymbol{A}_2\cdots\boldsymbol{A}_s)^{-1}=\boldsymbol{A}_s^{-1}\cdots\boldsymbol{A}_2^{-1}\boldsymbol{A}_1^{-1}.$$

例 1 若方阵 $\boldsymbol{A}$ 满足等式 $\boldsymbol{A}^2-\boldsymbol{A}+\boldsymbol{E}=\boldsymbol{O}$，问 $\boldsymbol{A}$ 是否可逆？若 $\boldsymbol{A}$ 可逆，求出 $\boldsymbol{A}^{-1}$.

解 由 $\boldsymbol{A}^2-\boldsymbol{A}+\boldsymbol{E}=\boldsymbol{O}$ 可得 $\boldsymbol{A}-\boldsymbol{A}^2=\boldsymbol{E}$ 再变形得 $\boldsymbol{A}(\boldsymbol{E}-\boldsymbol{A})=(\boldsymbol{E}-\boldsymbol{A})\boldsymbol{A}=\boldsymbol{E}$ 由逆矩阵的定义可知 $\boldsymbol{A}$ 可逆，且 $\boldsymbol{A}^{-1}=\boldsymbol{E}-\boldsymbol{A}$.

对角矩阵的逆 设 $\boldsymbol{A}=\begin{pmatrix}\lambda_1 & & & \\ & \lambda_2 & & \\ & & \ddots & \\ & & & \lambda_n\end{pmatrix}$，如果 $\lambda_i\neq 0(i=1,2,\cdots,n)$，容易验证 $\boldsymbol{A}$ 的逆矩阵为

$$\boldsymbol{A}^{-1}=\begin{pmatrix}\lambda_1^{-1} & & & \\ & \lambda_2^{-1} & & \\ & & \ddots & \\ & & & \lambda_n^{-1}\end{pmatrix}.$$

2.5　矩阵的初等变换

矩阵的初等变换是矩阵的一种最基本的运算，它有着广泛的应用．矩阵的初等变换不但可用语言表述，而且可用矩阵的乘法运算来表示．本节主要介绍矩阵的初等变换的概念及初等变换在求逆矩阵中的应用．

定义 2.7　下面三种变换称为矩阵的初等行(列)变换：

(1) 行(列)互换：互换矩阵中 i，j 两行(列)的位置，记为 $r_i \leftrightarrow r_j$；

(2) 行倍：用非零常数 k 乘矩阵的第 i 行(列)中各元素，记为 kr_i；

(3) 行倍加：把第 i 行(列)所有元素的 k 倍加到第 j 行(列)上去，记为 $r_j + kr_i$．

矩阵的行初等变换和列初等变换统称为矩阵的初等变换．

定义 2.8　满足以下条件的矩阵称为阶梯形矩阵：

(1) 若矩阵含有零行，则零行在最下方(矩阵可以没有零行)；

(2) 矩阵的非零行的首非零元的列标随着行标的增加而递增．

定义 2.9　若矩阵是阶梯形且满足以下条件称为简化阶梯矩阵，或简称行最简行(矩阵)：

(1) 矩阵的每行首非零元是1；

(2) 矩阵首非零元1所在的那一列的其余元素也全为零．

例如，矩阵 $\boldsymbol{A}=\begin{pmatrix}1&0&2\\0&0&4\\0&2&1\end{pmatrix}$，$\boldsymbol{B}=\begin{pmatrix}1&0&2\\0&2&1\\0&0&4\end{pmatrix}$，$\boldsymbol{C}=\begin{pmatrix}1&0&0&3\\0&0&2&4\\0&0&0&0\end{pmatrix}$ 中，$\boldsymbol{A}$ 不是阶梯形矩阵，$\boldsymbol{B}$ 是阶梯形矩阵，$\boldsymbol{C}$ 是行最简形．

如上，可以用数学归纳法证明：任何矩阵都可以通过初等行变换变成阶梯形矩阵和行最简形，行最简形是矩阵在初等行变换下能变成的最简形式；而方阵的行最简形式就是单位矩阵．

定义 2.10　由单位矩阵经过一次初等变换得到的矩阵称为初等矩阵．

对应于三种初等行、列变换，有三种类型的初等方阵．

(1) 互换单位矩阵 $\boldsymbol{E}$ 的第 i 行(列)与第 j 行(列)的位置得初等矩阵

$$E_{ij}=\begin{pmatrix}1 & & & & & & \\ & \ddots & & & & & \\ & & 1 & & & & \\ & & & 0 & \cdots & 1 & & & \\ & & & \vdots & \ddots & \vdots & & & \\ & & & 1 & \cdots & 0 & & & \\ & & & & & & 1 & & \\ & & & & & & & \ddots & \\ & & & & & & & & 1\end{pmatrix}\begin{matrix} \\ \\ \\ \leftarrow 第\,i\,行 \\ \\ \leftarrow 第\,j\,行 \\ \\ \\ \\ \end{matrix}$$

(2) 以非零常数 k 乘单位矩阵的第 i 行(列)，得初等矩阵

$$E_i(k)=\begin{pmatrix}1 & & & & \\ & \ddots & & & \\ & & k & & \\ & & & \ddots & \\ & & & & 1\end{pmatrix}\begin{matrix} \\ \\ \leftarrow 第\,i\,行 \\ \\ \\ \end{matrix}$$

(3) 将单位矩阵 E 中第 i 行所有元素的 k 倍加到第 j 行上去，也相当于第 j 列的 k 倍加到第 i 列上去得初等矩阵

$$E_{ij}=\begin{pmatrix}1 & & & & & & \\ & \ddots & & & & & \\ & & 1 & & & & \\ & & \vdots & \ddots & & & \\ & & k & \cdots & 1 & & \\ & & & & & \ddots & \\ & & & & & & 1\end{pmatrix}\begin{matrix} \\ \\ \leftarrow 第\,i\,行 \\ \\ \leftarrow 第\,j\,行 \\ \\ \\ \end{matrix}$$

下面不加证明的给出以下定理：

定理 1 设 A 是一个 $m\times n$ 矩阵，对 A 施行一次初等行变换，相当于在 A 的左边乘以相应的 m 阶初等矩阵；对 A 施行一次初等列变换，相当于在 A 的右边乘以相应的 n 阶初等矩阵.

定理 2 方阵 A 可逆的充分必要条件是存在有限个初等矩阵 P_1，P_2，…，P_l，使得 $A=P_1P_2\cdots P_l$.

由以上定理，求方阵 A 的单位阵时，可对方阵 A 和同阶单位阵 E 作同样的初等变换，那么当 A 变为单位阵时，E 就变为 A^{-1}，即 $(A\,|\,E)\xrightarrow{\text{初等行变换}}(E\,|\,A^{-1})$.

例 1 求矩阵 $A=\begin{pmatrix}1 & 2 & 3\\ 2 & 1 & 2\\ 1 & 3 & 4\end{pmatrix}$ 的逆矩阵 A^{-1}.

解　$(\boldsymbol{A}\,|\,\boldsymbol{E})=\left(\begin{array}{ccc|ccc}1&2&3&1&0&0\\2&1&2&0&1&0\\1&3&4&0&0&1\end{array}\right)\rightarrow\left(\begin{array}{ccc|ccc}1&2&3&1&0&0\\0&-3&-4&-2&1&0\\0&1&1&-1&0&1\end{array}\right)$

$$\rightarrow\left(\begin{array}{ccc|ccc}1&2&3&1&0&0\\0&1&1&-1&0&1\\0&-3&-4&-2&1&0\end{array}\right)$$

$$\rightarrow\left(\begin{array}{ccc|ccc}1&2&3&1&0&0\\0&1&1&-1&0&1\\0&0&-1&-5&1&3\end{array}\right)\rightarrow\left(\begin{array}{ccc|ccc}1&0&1&-3&0&-2\\0&1&1&-1&0&1\\0&0&-1&-5&1&3\end{array}\right)$$

$$\rightarrow\left(\begin{array}{ccc|ccc}1&0&0&-2&1&1\\0&1&0&-6&1&4\\0&0&1&5&-1&-3\end{array}\right)$$

所以，$\boldsymbol{A}^{-1}=\begin{pmatrix}-2&1&1\\-6&1&4\\5&-1&-3\end{pmatrix}$.

例2　求解矩阵方程$\begin{pmatrix}1&2&3\\2&1&2\\1&3&4\end{pmatrix}\boldsymbol{X}=\begin{pmatrix}1&0\\0&2\\1&3\end{pmatrix}$.

解　$\boldsymbol{X}=\begin{pmatrix}1&2&3\\2&1&2\\1&3&4\end{pmatrix}^{-1}\begin{pmatrix}1&0\\0&2\\1&3\end{pmatrix}=\begin{pmatrix}-2&1&1\\-6&1&4\\5&-1&-3\end{pmatrix}\begin{pmatrix}1&0\\0&2\\1&3\end{pmatrix}=\begin{pmatrix}-1&5\\-2&14\\2&-11\end{pmatrix}$.

例3　设$\boldsymbol{A}$，$\boldsymbol{B}$满足$\boldsymbol{AB}=\boldsymbol{A}+2\boldsymbol{B}$，其中$\boldsymbol{A}=\begin{pmatrix}3&0&1\\1&1&0\\0&1&4\end{pmatrix}$，求$\boldsymbol{B}$.

解　由$\boldsymbol{AB}=\boldsymbol{A}+2\boldsymbol{B}$，得$(\boldsymbol{A}-2\boldsymbol{E})\boldsymbol{B}=\boldsymbol{A}$，$\boldsymbol{B}=(\boldsymbol{A}-2\boldsymbol{E})^{-1}\boldsymbol{A}$.

$(\boldsymbol{A}-2\boldsymbol{E}\,|\,\boldsymbol{A})=\begin{pmatrix}1&0&1&3&0&1\\1&-1&0&1&1&0\\0&1&2&0&1&4\end{pmatrix}\rightarrow\begin{pmatrix}1&0&1&3&0&1\\0&-1&1&2&-1&1\\0&0&1&-2&2&3\end{pmatrix}\rightarrow$

$\begin{pmatrix}1&0&0&5&-2&-2\\0&1&0&4&-3&-2\\0&0&1&-2&2&3\end{pmatrix}$.

可知$\boldsymbol{A}-2\boldsymbol{E}$可逆，且$\boldsymbol{B}=(\boldsymbol{A}-2\boldsymbol{E})^{-1}\boldsymbol{A}=\begin{pmatrix}5&-2&-2\\4&-3&-2\\-2&2&3\end{pmatrix}$.

2.6 分块矩阵

对阶数较高的矩阵进行运算时，为了利用某些矩阵的特点，常采用分块法将大矩阵的运算划分为若干个小矩阵的运算，使高阶矩阵的运算转化为低阶矩阵的运算，这是处理高阶矩阵常用的方法，它可以大大简化运算步骤.

所谓矩阵的分块就是在矩阵的某些行之间插入横线，某些列之间插入纵线，从而把矩阵分割成若干“子块”(子矩阵)，被分块以后的矩阵称为分块矩阵.

例如，

$$\boldsymbol{A}=\begin{pmatrix}\boldsymbol{E}_3 & \boldsymbol{A}_1\\ \boldsymbol{O} & \boldsymbol{E}_1\end{pmatrix}，其中 \boldsymbol{E}_3=\begin{pmatrix}1&0&0\\0&1&0\\0&0&1\end{pmatrix}，\boldsymbol{A}_1=\begin{pmatrix}2\\3\\4\end{pmatrix}，\boldsymbol{O}=(0\quad 0\quad 0)，E_1=(1) 为$$

子块.

在对分块矩阵进行运算时，是将子块当作元素来处理，按矩阵的运算规则来进行，即要求分块后的矩阵运算和对应子块的运算都是可行，现在说明如下：

1. 分块加法

设矩阵 $\boldsymbol{A}$，$\boldsymbol{B}$ 的行数相同，列数相同，则对 $\boldsymbol{A}$，$\boldsymbol{B}$ 采用相同分法后可以分块相加，即

$$\boldsymbol{A}=\begin{pmatrix}\boldsymbol{A}_{11} & \cdots & \boldsymbol{A}_{1r}\\ \vdots & & \vdots\\ \boldsymbol{A}_{s1} & \cdots & \boldsymbol{A}_{sr}\end{pmatrix}，\boldsymbol{B}=\begin{pmatrix}\boldsymbol{B}_{11} & \cdots & \boldsymbol{B}_{1r}\\ \vdots & & \vdots\\ \boldsymbol{B}_{s1} & \cdots & \boldsymbol{B}_{sr}\end{pmatrix}.$$

其中，$\boldsymbol{A}_{ij}$ 与 $\boldsymbol{B}_{ij}$ 的行数相同、列数相同，那么

$$\boldsymbol{A}\pm\boldsymbol{B}=\begin{pmatrix}\boldsymbol{A}_{11}\pm\boldsymbol{B}_{11} & \cdots & \boldsymbol{A}_{1r}\pm\boldsymbol{B}_{1r}\\ \vdots & & \vdots\\ \boldsymbol{A}_{s1}\pm\boldsymbol{B}_{s1} & \cdots & A_{sr}\pm\boldsymbol{B}_{sr}\end{pmatrix}.$$

2. 分块数乘

无论对 $\boldsymbol{A}$ 如何分块，根据数乘的定义总有 $k\boldsymbol{A}=k\begin{pmatrix}\boldsymbol{A}_{11} & \cdots & \boldsymbol{A}_{1r}\\ \vdots & & \vdots\\ \boldsymbol{A}_{s1} & \cdots & \boldsymbol{A}_{sr}\end{pmatrix}=\begin{pmatrix}k\boldsymbol{A}_{11} & \cdots & k\boldsymbol{A}_{1r}\\ \vdots & & \vdots\\ k\boldsymbol{A}_{s1} & \cdots & k\boldsymbol{A}_{sr}\end{pmatrix}$.

3. 分块矩阵的乘法

设 $\boldsymbol{A}$ 为 $m\times l$ 矩阵，$\boldsymbol{B}$ 为 $l\times n$ 矩阵，分块成 $\boldsymbol{A}=\begin{pmatrix}\boldsymbol{A}_{11} & \cdots & \boldsymbol{A}_{1t}\\ \vdots & & \vdots\\ \boldsymbol{A}_{s1} & \cdots & \boldsymbol{A}_{st}\end{pmatrix}$，$\boldsymbol{B}=\begin{pmatrix}\boldsymbol{B}_{11} & \cdots & \boldsymbol{B}_{1r}\\ \vdots & & \vdots\\ \boldsymbol{B}_{t1} & \cdots & \boldsymbol{B}_{tr}\end{pmatrix}$，

其中，A_{i1}，$A_{i2}\cdots$，A_{it} 的列数分别等于 B_{1j}，$B_{2j}\cdots$，B_{tj} 的行数，那么

$$AB=\begin{pmatrix} C_{11} & \cdots & C_{1r} \\ \vdots & & \vdots \\ C_{s1} & \cdots & C_{sr} \end{pmatrix},$$

$$C_{ij}=\sum_{k-1}^{t} A_{ik}B_{kj}\ (i=1,\ \cdots,\ s;\ j=1,\ \cdots,\ r).$$

即用分块法计算矩阵乘积时，对 A 的列的分法要与 B 的行的分块一致，这样才能保证矩阵 A 与 B 的乘积是可行的.

4. 分块矩阵求逆

分块矩阵求逆比较复杂，不作一般讨论. 仅举一例来说明一种比较特殊但常遇到的“四块缺角”阵的求逆，这里“缺角”是指四块中有一个零块.

例 1 设 A，B 分别为 s 阶、t 阶可逆矩阵，C 为 $t\times s$ 矩阵，0 为 $s\times t$ 型的零矩阵，求 $\begin{pmatrix} A & O \\ C & B \end{pmatrix}$ 的逆矩阵.

由逆矩阵定义有 $\begin{pmatrix} A & O \\ C & B \end{pmatrix}\begin{pmatrix} X & Y \\ Z & W \end{pmatrix}=\begin{pmatrix} E_s & O_{s\times t} \\ O_{t\times s} & E_t \end{pmatrix}$，于是

$$AX=E,\ AY=O,\ CX+BZ=O,\ CY+BW=E$$

依次可解 $X=A^{-1}$，$Y=O$，$Z=-B^{-1}CA^{-1}$，$W=B^{-1}$.

因此，$\begin{pmatrix} A & O \\ C & B \end{pmatrix}^{-1}=\begin{pmatrix} A^{-1} & O \\ -B^{-1}CA^{-1} & B^{-1} \end{pmatrix}$

思考　$\begin{pmatrix} O & A \\ B & O \end{pmatrix}^{-1}=?$

若 n 阶矩阵 A 的分块矩阵只有在对角线上有非零子块，其余子块都为零矩阵，且在对角线上的子块都是方阵(不必同阶)，称为分块对角矩阵或准对角矩阵. 可简记 $\mathrm{diag}(A_1,\ A_2,\ \cdots,\ A_s)$，且

$$A^{-1}=\begin{pmatrix} A_1^{-1} & & & \\ & A_2^{-1} & & \\ & & \ddots & \\ & & & A_s^{-1} \end{pmatrix}.$$

例 2 设 $A=\begin{pmatrix} 2 & 4 & 0 & 0 & 0 \\ 0 & -2 & 0 & 0 & 0 \\ 0 & 0 & 3 & 0 & 0 \\ 0 & 0 & 0 & 1 & 0 \\ 0 & 0 & 0 & 3 & 4 \end{pmatrix}$，求 A^{-1}.

解 $\boldsymbol{A}$的分块矩阵为$\boldsymbol{A}=\begin{pmatrix}\boldsymbol{A}_1 & & \\ & \boldsymbol{A}_2 & \\ & & \boldsymbol{A}_3\end{pmatrix}$，其中$\boldsymbol{A}_1=\begin{pmatrix}2 & 4\\ 0 & -2\end{pmatrix}$，$\boldsymbol{A}_2=(3)$，$\boldsymbol{A}_3=\begin{pmatrix}1 & 0\\ 3 & 4\end{pmatrix}$，

而$\boldsymbol{A}_1^{-1}=\begin{pmatrix}\frac{1}{2} & 1\\ 0 & -\frac{1}{2}\end{pmatrix}$，$\boldsymbol{A}_2^{-1}=\left(\frac{1}{3}\right)$，$\boldsymbol{A}_3^{-1}=\begin{pmatrix}1 & 0\\ -\frac{3}{4} & \frac{1}{4}\end{pmatrix}$，

故

$$\boldsymbol{A}^{-1}=\begin{pmatrix}\frac{1}{2} & 1 & 0 & 0 & 0\\ 0 & -\frac{1}{2} & 0 & 0 & 0\\ 0 & 0 & \frac{1}{3} & 0 & 0\\ 0 & 0 & 0 & 1 & 0\\ 0 & 0 & 0 & -\frac{4}{3} & \frac{1}{4}\end{pmatrix}.$$

习题 2

1. 设$\boldsymbol{\alpha}=(1,\ 0,\ -3,\ 2)$，$\boldsymbol{\beta}=(-2,\ 1,\ 2,\ 4)$，求(1)$2\boldsymbol{\alpha}+3\boldsymbol{\beta}$；(2)若$\boldsymbol{x}+\boldsymbol{\beta}=\boldsymbol{\alpha}$，求$\boldsymbol{x}$.

2. 已知向量$\boldsymbol{\alpha}_1=(2,\ 5,\ 1,\ 3)$，$\boldsymbol{\alpha}_2=(10,\ 1,\ 5,\ 10)$，$\boldsymbol{\alpha}_3=(4,\ 1,\ -1,\ 1)$，且$3(\boldsymbol{\alpha}_1-\boldsymbol{\beta})+2(\boldsymbol{\alpha}_2+\boldsymbol{\beta})=5(\boldsymbol{\alpha}_3+\boldsymbol{\beta})$，求$\boldsymbol{\beta}$.

3. 设$\boldsymbol{A}=\begin{pmatrix}1 & 0 & -3\\ 0 & 1 & 1\\ 1 & -2 & 4\end{pmatrix}$，$\boldsymbol{B}=\begin{pmatrix}-2 & 1 & 2\\ -2 & -1 & 1\\ 0 & 1 & -1\end{pmatrix}$，求$3\boldsymbol{A}+2\boldsymbol{B}$.

4. 计算下列矩阵的乘积.

(1)$(1,\ 2,\ 3)\begin{pmatrix}1\\ 2\\ 3\end{pmatrix}$；

(2)$\begin{pmatrix}1 & 2\\ 4 & 2\end{pmatrix}\begin{pmatrix}2 & -1 & 1\\ 0 & 3 & 2\end{pmatrix}$；

(3)$\begin{pmatrix}1 & 2 & 0\\ 3 & -1 & 4\end{pmatrix}\begin{pmatrix}1 & 2 & 0\\ 3 & -1 & 4\end{pmatrix}^{\mathrm{T}}$；

(4)$\begin{pmatrix}1 & -1\\ 2 & 1\\ 0 & 2\end{pmatrix}\begin{pmatrix}2 & 1\\ 1 & -1\end{pmatrix}\begin{pmatrix}3 & -1 & 0 & 1\\ 1 & 2 & 1 & 0\end{pmatrix}$.

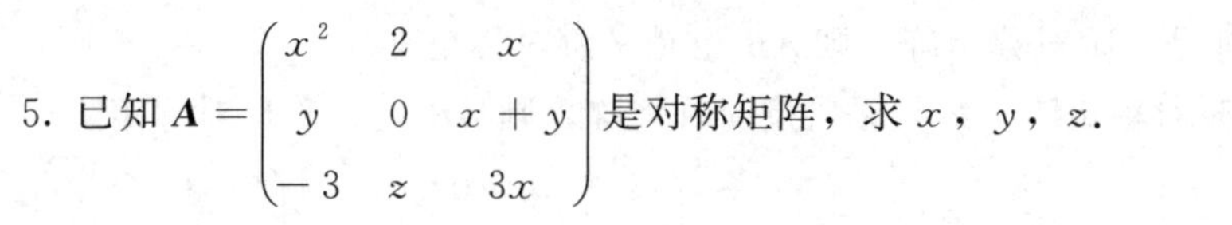

5. 已知 $\boldsymbol{A}=\begin{pmatrix} x^2 & 2 & x \\ y & 0 & x+y \\ -3 & z & 3x \end{pmatrix}$ 是对称矩阵，求 x，y，z.

6. 计算 $\boldsymbol{A}^n$，其中

(1) $\boldsymbol{A}=\begin{pmatrix} 1 & 0 \\ \lambda & 1 \end{pmatrix}$；　　(2) $\boldsymbol{A}=\begin{pmatrix} 0 & 1 & 0 \\ 0 & 0 & 1 \\ 0 & 0 & 0 \end{pmatrix}$.

7. 设方阵 $\boldsymbol{A}$ 满足 $\boldsymbol{A}^2-\boldsymbol{A}-2\boldsymbol{E}=0$，证明：$\boldsymbol{A}$ 与 $\boldsymbol{E}-\boldsymbol{A}$ 都可逆，求它们的逆矩阵.

8. 将下列矩阵化成阶梯形矩阵及行简化阶梯形.

(1) $\begin{pmatrix} 1 & -1 & 2 & 1 \\ -1 & 2 & 3 & -2 \\ 2 & -3 & -2 & 2 \end{pmatrix}$；　　(2) $\begin{pmatrix} 1 & -2 & 3 & -4 & 4 \\ 0 & 1 & -1 & 1 & -3 \\ 1 & 3 & 0 & -3 & 1 \\ 0 & -7 & 3 & 1 & -3 \end{pmatrix}$.

9. 利用初等变换，求下列矩阵的逆矩阵.

(1) $\begin{pmatrix} 1 & 2 \\ 2 & 1 \end{pmatrix}$；　　(2) $\begin{pmatrix} 3 & -3 & 4 \\ 2 & -3 & 4 \\ 0 & -1 & 1 \end{pmatrix}$；

(3) $\begin{pmatrix} 2 & 1 & 2 \\ 1 & 2 & 2 \\ 2 & 2 & 1 \end{pmatrix}$；　　(4) $\begin{pmatrix} 2 & 2 & -1 \\ 1 & -2 & 4 \\ 5 & 8 & 2 \end{pmatrix}$；

(5) $\begin{pmatrix} 1 & 0 & 0 & 0 \\ 2 & 1 & 0 & 0 \\ 3 & 2 & 1 & 0 \\ 4 & 3 & 2 & 1 \end{pmatrix}$；　　(6) $\begin{pmatrix} 1 & 1 & 1 & 1 \\ 1 & 1 & 1 & 0 \\ 1 & 1 & 0 & 0 \\ 1 & 0 & 0 & 0 \end{pmatrix}$.

10. 解下列矩阵方程，求出未知矩阵 $\boldsymbol{X}$.

(1) $\boldsymbol{X}\begin{pmatrix} 2 & 5 \\ 1 & 3 \end{pmatrix}=\begin{pmatrix} 4 & -6 \\ 2 & 1 \end{pmatrix}$；　　(2) $\begin{pmatrix} 1 & 2 & 3 \\ 2 & -1 & 1 \\ 3 & 0 & -1 \end{pmatrix}\boldsymbol{X}=\begin{pmatrix} 9 & 4 \\ 8 & 3 \\ 3 & 10 \end{pmatrix}$.

11. 求矩阵 $\boldsymbol{X}$ 满足 $\boldsymbol{AX}=\boldsymbol{A}+2\boldsymbol{X}$，其中 $\boldsymbol{A}=\begin{pmatrix} 3 & 0 & 1 \\ 1 & 1 & 0 \\ 0 & 1 & 4 \end{pmatrix}$.

12. 判断下述命题是否正确，说明理由或举出反例.

(1) 若 $\boldsymbol{A}$，$\boldsymbol{B}$ 为同阶方阵，则 $(\boldsymbol{A}-\boldsymbol{B})^2=\boldsymbol{A}^2-2\boldsymbol{AB}+\boldsymbol{B}^2$.

(2) 若 $\boldsymbol{A}$ 是 n 阶矩阵，$\boldsymbol{E}$ 是 n 阶单位矩阵，则 $\boldsymbol{A}^2-\boldsymbol{E}=(\boldsymbol{A}+\boldsymbol{E})(\boldsymbol{A}-\boldsymbol{E})$.

(3) 若 $\boldsymbol{AB}=\boldsymbol{AC}$，$\boldsymbol{A}\neq\boldsymbol{O}$，则 $\boldsymbol{B}=\boldsymbol{C}$.

(4) 设 $\boldsymbol{A}$，$\boldsymbol{B}$ 为同阶方阵，则 $(\boldsymbol{AB})^2=\boldsymbol{A}^2\boldsymbol{B}^2$.

(5) 若 $\boldsymbol{A}$，$\boldsymbol{B}$ 都是 n 阶对称矩阵，则 $\boldsymbol{AB}$ 也是 n 阶对称矩阵.

(6) 若 $\boldsymbol{A}$ 是 n 阶对称矩阵，$\boldsymbol{B}$ 是 n 阶反对称矩阵，则 $\boldsymbol{AB}$ 是 n 阶反对称矩阵.

13. 用分块矩阵的乘法计算 $\boldsymbol{AB}$，其中 $\boldsymbol{A}=\begin{pmatrix}1&2&0&0\\2&8&0&0\\0&0&1&0\\0&0&0&1\end{pmatrix}$，$\boldsymbol{B}=\begin{pmatrix}1&3&0&0\\2&8&0&0\\1&0&1&0\\0&1&2&3\end{pmatrix}$.

14. 利用分块矩阵求逆矩阵：$\begin{pmatrix}0&0&4&1\\0&0&3&1\\1&0&0&0\\0&1&0&0\end{pmatrix}$.

第 3 章　线性方程组

在第 2 章中，讲述了用克莱姆法则求解线性方程组的方法，但是运用克莱姆法则是有条件的，而正常所遇到的线性方程组并不都满足这些条件，这就促使我们要进一步讨论一般的线性方程组的求解方法．本章将根据矩阵秩的概念，讨论一般线性方程组有解的充要条件，并介绍用矩阵初等行变换求解线性方程组的方法．

3.1　线性方程组的可解性

我们知 $m\times n$ 线性方程组

$$\begin{cases} a_{11}x_1+a_{12}x_2+\cdots+a_{1n}x_n=b_1, \\ a_{21}x_1+a_{22}x_2+\cdots+a_{2n}x_n=b_2, \\ \qquad\qquad\vdots \\ a_{m1}x_1+a_{m2}x_2+\cdots+a_{mn}x_n=b_m. \end{cases} \tag{3.1}$$

可以利用矩阵运算写成矩阵形式 $\boldsymbol{AX}=\boldsymbol{b}$．其中，$\boldsymbol{A}=(a_{ij})_{m\times n}$ 是式(3.1) 的**系数矩阵**.

$$\overline{\boldsymbol{A}}=(\boldsymbol{A},\ \boldsymbol{b})=\begin{pmatrix} a_{11} & a_{12} & \cdots & a_{1n} & b_1 \\ a_{21} & a_{22} & \cdots & a_{2n} & b_2 \\ \vdots & \vdots & & \vdots & \vdots \\ a_{m1} & a_{m2} & \cdots & a_{mn} & b_m \end{pmatrix}$$

称为方程组(3.1) 的**增广矩阵**，或表示为向量形式 $\boldsymbol{b}=x_1\boldsymbol{A}_1+x_2\boldsymbol{A}_2+\cdots+x_n\boldsymbol{A}_n$，由此可见，方程组的解等价于向量 $\boldsymbol{b}$ 可由向量组 $\boldsymbol{A}_1$，$\boldsymbol{A}_2$，…，$\boldsymbol{A}_n$ 线性表示.

若 $\boldsymbol{x}=(t_1,\ t_2,\ \cdots,\ t_n)^{\mathrm{T}}$ 使式 (3.1) 的每个方程成为恒等式，就说 $\boldsymbol{x}=(t_1,\ t_2,\ \cdots,\ t_n)^{\mathrm{T}}$ 是方程组的一个**解(向量)**. 解的全体之集合称为**解集**.

含有一定个数独立的任意常数的解称为**通解**．线性方程的任何一个解都能在通解中适当选取任意常数的值得到．若两个方程组解集相等，则称这两个方程组**同解**.

中学代数中已学过用加减消元法解二元或三元线性方程组．很明显，对于一个线性方程组进行以下变换所得到的新的方程组与原方程组是同解的.

(1) 交换方程组中两个方程的次序；

(2) 某方程乘以一个非零常数；

(3) 某方程加上另一个方程的倍数.

这里(2)(3)就是熟知的加减消元法的基本步骤，(1)则是针对方程和未知量较多，为避免消元过程纷繁可能导致的混乱而增添的．以上三种变换称为线性方程组的同解变换.

由于线性方程组的第 i 个方程对应的就是增广矩阵(系数矩阵)的第 i 行，所以线性方程组的同解变换即矩阵中的初等行变换.

例 1 解方程组 $\begin{cases} x_1+x_2-2x_3+3x_4=1, \\ x_1+2x_2+x_3-2x_4=2, \\ 3x_1+5x_2\quad -2x_4=1, \\ 3x_1+6x_2+3x_3-7x_4=\lambda. \end{cases}$

解

$$\overline{\boldsymbol{A}}=\begin{pmatrix} 1 & 1 & -2 & 3 & 1 \\ 1 & 2 & 1 & -2 & 2 \\ 3 & 5 & 0 & -2 & 6 \\ 3 & 6 & 3 & -7 & \lambda \end{pmatrix} \to \begin{pmatrix} 1 & 1 & -2 & 3 & 1 \\ 0 & 1 & 3 & -5 & 1 \\ 0 & 2 & 6 & -11 & 3 \\ 0 & 1 & 3 & -5 & \lambda-6 \end{pmatrix} \to \begin{pmatrix} 1 & 1 & -2 & 3 & 1 \\ 0 & 1 & 3 & -5 & 1 \\ 0 & 0 & 0 & -1 & 1 \\ 0 & 0 & 0 & 0 & \lambda-7 \end{pmatrix}.$$

这个初等行变换过程反映了方程组的消元过程：第一组三次行变换的作用是消去了 x_1；第二组两次行变换的作用是消去了 x_2，凑巧又把 x_3 消去了，这样得出了与原方程组同解的方程组

$$\begin{cases} x_1+x_2-2x_3+3x_4=1, \\ x_2+3x_3-5x_4=1, \\ -x_4=1, \\ 0=\lambda-7. \end{cases}$$

(1) 若 $\lambda\neq 7$，同解方程组第 4 式是矛盾方程，因此原方程组无解；

(2) 若 $\lambda=7$，可由第 3 式解出 $x_4=-1$，代入第 2 式，解出 x_2；代入第 1 式可以解出 x_1；x_3 可取任意值．若在矩阵中实现，可以表示为

$$\overline{\boldsymbol{A}} \to \begin{pmatrix} 1 & 1 & -2 & 3 & 1 \\ 0 & 1 & 3 & -5 & 1 \\ 0 & 0 & 0 & -1 & 1 \\ 0 & 0 & 0 & 0 & 0 \end{pmatrix} \to \begin{pmatrix} 1 & 0 & -5 & 0 & 8 \\ 0 & 1 & 3 & 0 & -4 \\ 0 & 0 & 0 & 1 & -1 \\ 0 & 0 & 0 & 0 & 0 \end{pmatrix},$$

得同解方程组

$$\begin{cases} x_1-5x_3=8, \\ x_2+3x_3=-4, \\ x_4=-1. \end{cases}$$

它共有 3 个有效方程、未知量，所以有一个未知量可任意取值(这样的未知量称为**自由未知量**).

通过上例知方程组解的存在性定理.

定理 1　对于 n 元线性方程组 $\boldsymbol{AX}=\boldsymbol{b}$，有

(1) 无解 $\Leftrightarrow R(\boldsymbol{A})<R(\boldsymbol{A},\boldsymbol{b})=R(\overline{\boldsymbol{A}})$；

(2) 有解 $\Leftrightarrow R(\boldsymbol{A})=R(\boldsymbol{A},\boldsymbol{b})=R(\overline{\boldsymbol{A}})$；

(3) 有唯一解 $\Leftrightarrow R(\boldsymbol{A})=R(\boldsymbol{A},\boldsymbol{b})=R(\overline{\boldsymbol{A}})=n$；

(4) 有无穷多个解 $\Leftrightarrow R(\boldsymbol{A})=R(\boldsymbol{A},\boldsymbol{b})=R(\overline{\boldsymbol{A}})<n$.

其中，$R(\boldsymbol{A})$ 表示矩阵 $\boldsymbol{A}$ 的秩.

证明略.

例 2　设有线性方程组 $\begin{cases}x_1+ax_2+x_3=2,\\x_1+x_2+2x_3=3,\\x_1+x_2+bx_3=4,\end{cases}$ 问 a，b 取何值时，此方程组：

(1) 无解；

(2) 有唯一解；

(3) 有无穷多解.

解　对增广矩阵 $\overline{\boldsymbol{A}}$ 施行初等行变换变为阶梯形矩阵，有

$$\overline{\boldsymbol{A}}=\begin{pmatrix}1&a&1&2\\1&1&2&3\\1&1&b&4\end{pmatrix}\xrightarrow[r_3-r_2]{r_1-r_2}\begin{pmatrix}0&a-1&-1&-1\\1&1&2&3\\0&0&b-2&1\end{pmatrix}\xrightarrow{(r_1,\ r_2)}\begin{pmatrix}1&1&2&3\\0&a-1&-1&-1\\0&0&b-2&1\end{pmatrix},$$

(1) 当 $b=2$ 时，$R(\boldsymbol{A})=2$，$R(\overline{\boldsymbol{A}})=3$ 方程组无解.

(2) 当 $a\neq 1$ 且 $b\neq 2$ 时，$R(\boldsymbol{A})=R(\overline{\boldsymbol{A}})=3$，方程组有唯一解.

(3) 当 $a=1$，$b=3$ 时，方程组有无穷多解.

例 3　已知 $\boldsymbol{\alpha}_1=(1,0,2,3)^{\mathrm{T}}$，$\boldsymbol{\alpha}_2=(1,1,3,5)^{\mathrm{T}}$，$\boldsymbol{\alpha}_3=(1,-1,a+2,1)^{\mathrm{T}}$，$\boldsymbol{\alpha}_4=(1,2,4,a+8)^{\mathrm{T}}$，$\boldsymbol{\beta}=(1,1,b+3,5)^{\mathrm{T}}$，

(1) a，b 为何值时，$\boldsymbol{\beta}$ 不能表示为 $\boldsymbol{\alpha}_1$，$\boldsymbol{\alpha}_2$，$\boldsymbol{\alpha}_3$，$\boldsymbol{\alpha}_4$ 的线性组合；

(2) a，b 为何值时，$\boldsymbol{\beta}$ 可以唯一的表示为 $\boldsymbol{\alpha}_1$，$\boldsymbol{\alpha}_2$，$\boldsymbol{\alpha}_3$，$\boldsymbol{\alpha}_4$ 的线性组合.

解　(1) $\boldsymbol{\beta}$ 不能表示为 $\boldsymbol{\alpha}_1$，$\boldsymbol{\alpha}_2$，$\boldsymbol{\alpha}_3$，$\boldsymbol{\alpha}_4$ 的线性组合 $\Leftrightarrow$ 非齐次线性方程组 $x_1\boldsymbol{\alpha}_1+x_2\boldsymbol{\alpha}_2+x_3\boldsymbol{\alpha}_3+x_4\boldsymbol{\alpha}_4=\boldsymbol{\beta}$ 无解.

$\boldsymbol{\beta}$ 可唯一表示为 $\boldsymbol{\alpha}_1$，$\boldsymbol{\alpha}_2$，$\boldsymbol{\alpha}_3$，$\boldsymbol{\alpha}_4$ 的线性组合 $\Leftrightarrow$ 非齐次线性方程组 $x_1\boldsymbol{\alpha}_1+x_2\boldsymbol{\alpha}_2+x_3\boldsymbol{\alpha}_3+x_4\boldsymbol{\alpha}_4=\boldsymbol{\beta}$ 有唯一解.

(2) 对增广矩阵 $\overline{\boldsymbol{A}}$ 施行初等行变换：

$$\overline{\boldsymbol{A}}=\begin{pmatrix}1&1&1&1&1\\0&1&-1&2&1\\2&3&a+2&4&b+3\\3&5&1&a+8&5\end{pmatrix}\rightarrow\begin{pmatrix}1&1&1&1&1\\0&1&-1&2&1\\0&1&a&2&b+1\\0&2&-2&a+5&2\end{pmatrix}$$

$$\rightarrow \begin{pmatrix} 1 & 1 & 1 & 1 & 1 \\ 0 & 1 & -1 & 2 & 1 \\ 0 & 0 & a+1 & 0 & b \\ 0 & 0 & 0 & a+1 & 0 \end{pmatrix},$$

当 $R(\boldsymbol{A})=2<R(\overline{\boldsymbol{A}})=3$ 即 $a+1=0$，$a=-1$，$b\neq 0$ 时，$\boldsymbol{\beta}$ 不能表示为 $\boldsymbol{\alpha}_1$，$\boldsymbol{\alpha}_2$，$\boldsymbol{\alpha}_3$，$\boldsymbol{\alpha}_4$ 的线性组合.

当 $R(\boldsymbol{A})=R(\overline{\boldsymbol{A}})=4$ 即 $a\neq -1$ 时，$\boldsymbol{\beta}$ 可唯一表示为 $\boldsymbol{\alpha}_1$，$\boldsymbol{\alpha}_2$，$\boldsymbol{\alpha}_3$，$\boldsymbol{\alpha}_4$ 的线性组合.

定理 2　n 元齐次线性方程组 $\boldsymbol{AX}=\boldsymbol{0}$，有非零解的充要条件是 $R(\boldsymbol{A})<n$.

证　根据定理1，当 $R(\boldsymbol{A})=n$ 时，有唯一解 $x=0$. 当 $R(\boldsymbol{A})<n$ 时，有 $n-r$ 个自由未知量，当它们选取一组不全为零的数时，就得到了一个非零解.

3.2　线性方程组的解的结构

在利用了矩阵的秩得到了线性方程组有解的充要条件，以及齐次线性方程组有非零解的充要条件后，这一节将利用向量组线性相关性等知识来讲述齐次和非齐次线性方程组解集的结构.

1. 齐次线性方程组解的结构

齐次线性方程组解有以下性质.

性质 1　若 $\boldsymbol{x}=\boldsymbol{\xi}_1$，$\boldsymbol{x}=\boldsymbol{\xi}_2$ 为齐次线性方程组 $\boldsymbol{AX}=\boldsymbol{0}$ 的解，则 $\boldsymbol{x}=\boldsymbol{\xi}_1+\boldsymbol{\xi}_2$ 也是齐次线性方程组 $\boldsymbol{AX}=\boldsymbol{0}$ 的解.

因为 $\boldsymbol{A}(\boldsymbol{\xi}_1+\boldsymbol{\xi}_2)=\boldsymbol{A\xi}_1+\boldsymbol{A\xi}_2=\boldsymbol{0}$，所以 $\boldsymbol{x}=\boldsymbol{\xi}_1+\boldsymbol{\xi}_2$ 也是齐次线性方程组 $\boldsymbol{AX}=\boldsymbol{0}$ 的解.

性质 2　若 $\boldsymbol{x}=\boldsymbol{\xi}$ 为齐次线性方程组 $\boldsymbol{AX}=\boldsymbol{0}$ 的解，k 为实数，则 $\boldsymbol{x}=k\boldsymbol{\xi}$ 也是 $\boldsymbol{AX}=\boldsymbol{0}$ 的解.

由于 $\boldsymbol{A}(k\boldsymbol{\xi})=k(\boldsymbol{A\xi})=k\boldsymbol{0}=\boldsymbol{0}$，所以 $\boldsymbol{x}=k\boldsymbol{\xi}$ 也是 $\boldsymbol{AX}=\boldsymbol{0}$ 的解.

由齐次线性方程组 $\boldsymbol{AX}=\boldsymbol{0}$ 的全体解所组成的集合称为该齐次线性方程组的解空间，记作 S. 如果能求得解空间 S 的一个最大无关组 S_0：$\boldsymbol{\xi}_1$，$\boldsymbol{\xi}_2$，…，$\boldsymbol{\xi}_t$，则方程组 $\boldsymbol{AX}=\boldsymbol{0}$ 的任一解都可由最大无关组 S_0 线性表示；另外，由性质1、性质2可知，最大无关组 S_0 的任何线性组合 $\boldsymbol{x}=k_1\boldsymbol{\xi}_1+k_2\boldsymbol{\xi}_2+\cdots+k_t\boldsymbol{\xi}_t$ 都是齐次线性方程组 $\boldsymbol{AX}=\boldsymbol{0}$ 的解，因此上式便是 $\boldsymbol{AX}=\boldsymbol{0}$ 的通解.

定义 3.1　齐次线性方程组的解集的一个最大无关组称为该齐次线性方程组的的基础解系.

显然，要求齐次线性方程组的通解，只需求出它的基础解系. 可用初等变换的方法求线性方程组的通解，也可以用同一种方法来求齐次线性方程组的基础解系.

设方程组 $\boldsymbol{AX}=\boldsymbol{0}$ 的系数矩阵 $\boldsymbol{A}$ 的秩为 r，并不妨设 $\boldsymbol{A}$ 的前 r 个列向量线性无关，于是 $\boldsymbol{A}$ 的行最简行矩阵为

$$\boldsymbol{B}=\begin{pmatrix} 1 & \cdots & 0 & b_{11} & \cdots & b_{1,n-r} \\ \vdots & \ddots & \vdots & \vdots & & \vdots \\ 0 & \cdots & 1 & b_{r1} & \cdots & b_{r,n-r} \\ 0 & \cdots & 0 & 0 & \cdots & 0 \\ \vdots & & \vdots & \vdots & & \vdots \\ 0 & \cdots & 0 & 0 & \cdots & 0 \end{pmatrix}$$

与 $\boldsymbol{B}$ 对应，即有方程组

$$\begin{cases} x_1=-b_{11}x_{r+1}-\cdots-b_{1,n-r}x_n, \\ \qquad\vdots \\ x_r=-b_{r1}x_{r+1}-\cdots-b_{r,n-r}x_n, \end{cases}$$

然后，分别取

$$\begin{pmatrix} x_{r+1} \\ x_{r+2} \\ \vdots \\ x_n \end{pmatrix}=\begin{pmatrix} 1 \\ 0 \\ \vdots \\ 0 \end{pmatrix}, \begin{pmatrix} 0 \\ 1 \\ \vdots \\ 0 \end{pmatrix}, \cdots, \begin{pmatrix} 0 \\ 0 \\ \vdots \\ 1 \end{pmatrix}.$$

理论上可以取任意 $n-r$ 个线性无关的 $n-r$ 维向量，上面的取法是为了使计算简便.

依次可得

$$\begin{pmatrix} x_1 \\ \vdots \\ x_r \end{pmatrix}=\begin{pmatrix} -b_{11} \\ \vdots \\ -b_{r1} \end{pmatrix}, \begin{pmatrix} -b_{12} \\ \vdots \\ -b_{r2} \end{pmatrix}, \cdots, \begin{pmatrix} -b_{1,n-r} \\ \vdots \\ -b_{r,n-r} \end{pmatrix},$$

合起来得基础解系

$$\boldsymbol{\xi}_1=\begin{pmatrix} -b_{11} \\ \vdots \\ -b_{r1} \\ 1 \\ 0 \\ \vdots \\ 0 \end{pmatrix}, \boldsymbol{\xi}_2=\begin{pmatrix} -b_{12} \\ \vdots \\ -b_{r2} \\ 0 \\ 1 \\ \vdots \\ 0 \end{pmatrix}, \cdots, \boldsymbol{\xi}_{n-r}=\begin{pmatrix} -b_{1,n-r} \\ \vdots \\ -b_{r,n-r} \\ 0 \\ 0 \\ \vdots \\ 1 \end{pmatrix},$$

方程的通解 $\boldsymbol{x}=c_1\boldsymbol{\xi}_1+c_2\boldsymbol{\xi}_2+\cdots+c_{n-r}\boldsymbol{\xi}_{n-r}$.

由以上的讨论，还可推得以下定理.

定理 1　设 $m\times n$ 矩阵 $\boldsymbol{A}$ 的秩 $R(\boldsymbol{A})=r$，则 n 元齐次线性方程组 $\boldsymbol{AX}=\boldsymbol{0}$ 的解空间是一个线性空间，且其维数为 $n-r$.

当 $R(\boldsymbol{A})=n$ 时，方程组 $\boldsymbol{AX}=\boldsymbol{0}$ 只有零解，没有基础解系；当 $R(\boldsymbol{A})=r<n$ 时，由定理 1 知方程组 $\boldsymbol{AX}=\boldsymbol{0}$ 的基础解系含 $n-r$ 个向量. 由最大无关组的性质可知，方程组

$\boldsymbol{AX}=\boldsymbol{0}$ 的任何 $n-r$ 个线性无关的解都可构成它的基础解系．因此，可知齐次线性方程组 $\boldsymbol{AX}=\boldsymbol{0}$ 的基础解系并不是唯一的，它的通解的形式也不是唯一的，但它的任意两个基础解系都是等价的.

例 1 求齐次线性方程组 $\begin{cases}x_1-2x_2+4x_3-7x_4=0,\\2x_1+x_2-2x_3+x_4=0,\\3x_1-x_2+2x_3-4x_4=0\end{cases}$ 的基础解系及通解.

解 齐次线性方程组增广矩阵的最后一列为零向量，初等行变换过程中永远为零向量，故不必写出．只对系数矩阵进行初等行变换，直至变为行最简形.

$$\boldsymbol{A}=\begin{pmatrix}1&-2&4&-7\\2&1&-2&1\\3&-1&2&-4\end{pmatrix}\to\begin{pmatrix}1&-2&4&-7\\0&5&-10&15\\0&5&-10&17\end{pmatrix}\to\begin{pmatrix}1&-2&4&-7\\0&5&-10&15\\0&0&0&2\end{pmatrix}$$

$$\to\begin{pmatrix}1&-2&4&0\\0&1&-2&0\\0&0&0&1\end{pmatrix}\to\begin{pmatrix}1&0&0&0\\0&1&-2&0\\0&0&0&1\end{pmatrix}.$$

原方程组与 $\begin{cases}x_1=0,\\x_2-2x_3=0,\\x_4=0\end{cases}$ 同解．

取 x_3 为自由变量，取 $x_3=1$，得方程组的一个基础解系

$$\begin{pmatrix}0\\2\\1\\0\end{pmatrix},$$

于是方程组的通解为

$$\boldsymbol{X}=k\begin{pmatrix}0\\2\\1\\0\end{pmatrix},\ k\in\mathbf{R}.$$

例 2 求齐次线性方程组 $\begin{pmatrix}0&9&5&2\\1&5&3&1\\1&-4&-2&-1\\1&32&18&7\end{pmatrix}\begin{pmatrix}x_1\\x_2\\x_3\\x_4\end{pmatrix}=\begin{pmatrix}0\\0\\0\\0\end{pmatrix}$ 的通解.

解 $$\boldsymbol{A}=\begin{pmatrix}0&9&5&2\\1&5&3&1\\1&-4&-2&-1\\1&32&18&7\end{pmatrix}\to\begin{pmatrix}1&-4&-2&-1\\1&5&3&1\\0&9&5&2\\1&32&18&7\end{pmatrix}\to\begin{pmatrix}1&-4&-2&-1\\0&9&5&2\\0&9&5&2\\0&36&20&8\end{pmatrix}$$

$$\to\begin{pmatrix}1 & -4 & -2 & -1\\0 & 9 & 5 & 2\\0 & 0 & 0 & 0\\0 & 0 & 0 & 0\end{pmatrix}\to\begin{pmatrix}1 & -4 & -2 & -1\\0 & 1 & \frac{5}{9} & \frac{2}{9}\\0 & 0 & 0 & 0\\0 & 0 & 0 & 0\end{pmatrix}\to\begin{pmatrix}1 & 0 & \frac{2}{9} & -\frac{1}{9}\\0 & 1 & \frac{5}{9} & \frac{2}{9}\\0 & 0 & 0 & 0\\0 & 0 & 0 & 0\end{pmatrix}.$$

原方程组与$\begin{cases}x_1=-\frac{2}{9}x_3+\frac{1}{9}x_4,\\x_2=-\frac{5}{9}x_3-\frac{2}{9}x_4\end{cases}$同解，$x_3$，$x_4$ 为自由变量，取$\begin{pmatrix}x_3\\x_4\end{pmatrix}=\begin{pmatrix}9\\0\end{pmatrix}$和$\begin{pmatrix}0\\9\end{pmatrix}$，得基础解系

$$\begin{pmatrix}-2\\-5\\9\\0\end{pmatrix},\ \begin{pmatrix}1\\-2\\0\\9\end{pmatrix}.$$

方程组的通解为

$$\boldsymbol{X}=k_1\begin{pmatrix}-2\\-5\\9\\0\end{pmatrix}+k_2\begin{pmatrix}1\\-2\\0\\9\end{pmatrix},\ k_1,\ k_2\in\mathbf{R}.$$

例 3 求齐次线性方程组$\begin{cases}3x_1-6x_2-4x_3+x_4=0,\\x_1-2x_2+2x_3-x_4=0,\\2x_1-4x_2-6x_3+2x_4=0,\\x_1-2x_2+7x_3-3x_4=0\end{cases}$的通解.

解

$$\boldsymbol{A}=\begin{pmatrix}3 & -6 & -4 & 1\\1 & -2 & 2 & -1\\2 & -4 & -6 & 2\\1 & -2 & 7 & -3\end{pmatrix}\to\begin{pmatrix}1 & -2 & 2 & -1\\0 & 0 & -10 & 4\\0 & 0 & -10 & 4\\0 & 0 & 5 & -2\end{pmatrix}\to\begin{pmatrix}1 & -2 & 0 & -\frac{1}{5}\\0 & 0 & 1 & -\frac{2}{5}\\0 & 0 & 0 & 0\\0 & 0 & 0 & 0\end{pmatrix},$$

得与原方程组同解方程组$\begin{cases}x_1-2x_2-\frac{1}{5}x_4=0,\\-x_3-\frac{2}{5}x_4=0,\end{cases}$

$$\begin{cases} x_1 = 2x_2 + \frac{1}{5}x_4, \\ x_3 = 0x_2 + \frac{2}{5}x_4. \end{cases}$$

$R(\boldsymbol{A})=2$，$n-r=2$，取 x_2，x_4 为自由未知量.

当 $x_2=1$，$x_4=0$；$x_2=0$，$x_4=5$ 时，得基础解系

$$\begin{pmatrix}2\\1\\0\\0\end{pmatrix},\ \begin{pmatrix}1\\0\\2\\5\end{pmatrix},$$

方程组的通解为

$$x=k_1\begin{pmatrix}2\\1\\0\\0\end{pmatrix}+k_2\begin{pmatrix}1\\0\\2\\5\end{pmatrix},\ k_1,\ k_2\in\mathbf{R}.$$

2. 非齐次线性方程组解的结构

在非齐次线性方程组 $\boldsymbol{AX}=\boldsymbol{b}$ 中，取 $\boldsymbol{b}=\boldsymbol{0}$，所得到的齐次线性方程组 $\boldsymbol{AX}=\boldsymbol{0}$ 称为 $\boldsymbol{AX}=\boldsymbol{b}$ 的**导出组**.

对于非齐次线性方程组 $\boldsymbol{AX}=\boldsymbol{b}$，有如下性质.

性质 3 设 $\boldsymbol{x}=\boldsymbol{\eta}_1$，$\boldsymbol{x}=\boldsymbol{\eta}_2$ 都是方程组 $\boldsymbol{AX}=\boldsymbol{b}$ 的解，则 $\boldsymbol{x}=\boldsymbol{\eta}_1-\boldsymbol{\eta}_2$ 为导出组 $\boldsymbol{AX}=\boldsymbol{0}$ 的解.

因为 $\boldsymbol{A}(\boldsymbol{\eta}_1-\boldsymbol{\eta}_2)=\boldsymbol{A\eta}_1-\boldsymbol{A\eta}_2=\boldsymbol{b}-\boldsymbol{b}=\boldsymbol{0}$，所以 $\boldsymbol{x}=\boldsymbol{\eta}_1-\boldsymbol{\eta}_2$ 为导出组 $\boldsymbol{AX}=\boldsymbol{0}$ 的解.

性质 4 设 $\boldsymbol{x}=\boldsymbol{\eta}$ 是方程组 $\boldsymbol{AX}=\boldsymbol{b}$ 的解，$\boldsymbol{x}=\boldsymbol{\xi}$ 是导出组 $\boldsymbol{AX}=\boldsymbol{0}$ 的解，则 $\boldsymbol{x}=\boldsymbol{\eta}+\boldsymbol{\xi}$ 为方程组 $\boldsymbol{AX}=\boldsymbol{b}$ 的解.

因为 $\boldsymbol{A}(\boldsymbol{\eta}+\boldsymbol{\xi})=\boldsymbol{A\eta}+\boldsymbol{A\xi}=\boldsymbol{0}+\boldsymbol{b}=\boldsymbol{b}$，所以 $\boldsymbol{x}=\boldsymbol{\eta}+\boldsymbol{\xi}$ 为方程组 $\boldsymbol{AX}=\boldsymbol{b}$ 的解.

由性质 3 可知，若 $\boldsymbol{\eta}^*$ 是 $\boldsymbol{AX}=\boldsymbol{b}$ 的某个解，$\boldsymbol{x}$ 为 $\boldsymbol{AX}=\boldsymbol{b}$ 的任一解，则 $\boldsymbol{\xi}=\boldsymbol{x}-\boldsymbol{\eta}^*$ 是其导出组 $\boldsymbol{AX}=\boldsymbol{0}$ 的解. 因此，方程组 $\boldsymbol{AX}=\boldsymbol{b}$ 任一解 $\boldsymbol{x}$ 总可以表示为 $\boldsymbol{x}=\boldsymbol{\eta}^*+\boldsymbol{\xi}$.

又若方程组 $\boldsymbol{AX}=\boldsymbol{0}$ 的通解为 $\boldsymbol{x}=c_1\boldsymbol{\xi}_1+c_2\boldsymbol{\xi}_2+\cdots+c_{n-r}\boldsymbol{\xi}_{n-r}$，则方程组 $\boldsymbol{AX}=\boldsymbol{b}$ 的任一解总可表示为

$$\boldsymbol{x}=c_1\boldsymbol{\xi}_1+c_2\boldsymbol{\xi}_2+\cdots+c_{n-r}\boldsymbol{\xi}_{n-r}+\boldsymbol{\eta}^*.$$

由性质 4 知，对任何实数 c_1，c_2，…，c_{n-r}，上式总是方程组 $\boldsymbol{AX}=\boldsymbol{b}$ 的解，于是方程组 $\boldsymbol{AX}=\boldsymbol{b}$ 的通解为

$$\boldsymbol{x}=c_1\boldsymbol{\xi}_1+c_2\boldsymbol{\xi}_2+\cdots+c_{n-r}\boldsymbol{\xi}_{n-r}+\boldsymbol{\eta}^*\quad(c_1,\ c_2,\ \cdots,\ c_{n-r}\ \text{为任意实数}).$$

其中，$\boldsymbol{\xi}_1$，…，$\boldsymbol{\xi}_{n-r}$ 是方程组 $\boldsymbol{AX}=\boldsymbol{0}$ 的基础解系.

由此可见，非齐次线性方程组的通解等于它的任意解（称为特解）加上导出解的

通解.

例 4　求非齐次线性方程组$\begin{cases}2x_1+x_2-x_3+x_4=1,\\2x_1+x_2-x_3=1,\\4x_1+2x_2-2x_3-x_4=2\end{cases}$的通解.

解　对增广矩阵施行初等行变换

$$\overline{\boldsymbol{A}}=\begin{pmatrix}2&1&-1&1&1\\2&1&-1&0&1\\4&2&-2&-1&2\end{pmatrix}\to\begin{pmatrix}2&1&-1&1&1\\0&0&0&-1&0\\0&0&0&-3&0\end{pmatrix}\to\begin{pmatrix}1&\frac{1}{2}&-\frac{1}{2}&0&\frac{1}{2}\\0&0&0&1&0\\0&0&0&0&0\end{pmatrix},$$

与原方程组同解的方程组为$\begin{cases}x_1=-\dfrac{1}{2}x_2+\dfrac{1}{2}x_3+\dfrac{1}{2},\\x_4=0.\end{cases}$

令 $x_2=0$；$x_3=0$ 原方程组的特解，得

$$\boldsymbol{\eta}=\begin{pmatrix}\frac{1}{2}\\0\\0\\0\end{pmatrix}.$$

令自由变量 $x_2=2$，$x_3=0$；$x_2=0$，$x_3=2$；原方程组对应的齐次方程组的基础解系为

$$\begin{pmatrix}-1\\2\\0\\0\end{pmatrix},\begin{pmatrix}1\\0\\2\\0\end{pmatrix}.$$

所以，原方程组的通解为

$$\boldsymbol{X}=\begin{pmatrix}\frac{1}{2}\\0\\0\\0\end{pmatrix}+k_1\begin{pmatrix}-1\\2\\0\\0\end{pmatrix}+k_2\begin{pmatrix}1\\0\\2\\0\end{pmatrix},\ k_1,\ k_2\in\mathbf{R}.$$

例 5　解非齐次线性方程组$\begin{pmatrix}2&7&3&1\\1&3&-1&1\\7&-3&-2&6\end{pmatrix}\begin{pmatrix}x_1\\x_2\\x_3\\x_4\end{pmatrix}=\begin{pmatrix}6\\-2\\-4\end{pmatrix}$.

解　对增广矩阵施行初等行变换

$$\overline{A}=\begin{pmatrix}2&7&3&1&6\\1&3&-1&1&-2\\7&-3&-2&6&-4\end{pmatrix}\to\begin{pmatrix}1&3&-1&1&-2\\2&7&3&1&6\\7&-3&-2&6&-4\end{pmatrix}$$

$$\to\begin{pmatrix}1&3&-1&1&-2\\0&1&5&-1&10\\0&-24&5&-1&10\end{pmatrix}\to\begin{pmatrix}1&0&-16&4&-32\\0&1&-5&1&-10\\0&-25&0&0&0\end{pmatrix}$$

$$\to\begin{pmatrix}1&0&-16&4&-32\\0&0&1&-\frac{1}{5}&2\\0&1&0&0&0\end{pmatrix}\to\begin{pmatrix}1&0&0&\frac{4}{5}&0\\0&1&0&0&0\\0&0&1&-\frac{1}{5}&2\end{pmatrix}.$$

原方程组与$\begin{cases}x_1=-\dfrac{4}{5}x_4,\\x_2=0,\\x_3=\dfrac{1}{5}x_4+2\end{cases}$同解.

原方程组的特解：为令 $x_4=0$，解得

$$\boldsymbol{\eta}=\begin{pmatrix}0\\0\\2\\0\end{pmatrix}.$$

原方程组对应的齐次方程组的基础解系．令自由变量 $x_4=5$，得

$$\begin{pmatrix}-4\\0\\1\\5\end{pmatrix},$$

所以，原方程组的通解为

$$\boldsymbol{X}=\begin{pmatrix}0\\0\\2\\0\end{pmatrix}+k\begin{pmatrix}-4\\0\\1\\5\end{pmatrix},\ k\in\mathbf{R}.$$

例 6 λ 取何值，线性方程组$\begin{cases}x_1+x_2+x_3=\lambda,\\\lambda x_1+x_2+x_3=1,\\x_1+x_2+\lambda x_3=1\end{cases}$有唯一解、有无穷多解、无解？有解求出其解.

解　$\overline{\boldsymbol{A}}=\left(\begin{array}{ccc|c}1 & 1 & 1 & \lambda \\ \lambda & 1 & 1 & 1 \\ 1 & 1 & \lambda & 1\end{array}\right) \longrightarrow\left(\begin{array}{ccc|c}1 & 1 & 1 & \lambda \\ 0 & 1-\lambda & 1-\lambda & 1-\lambda^{2} \\ 0 & 0 & \lambda-1 & 1-\lambda\end{array}\right)$.

(1) 当 $\lambda \neq 1$ 时，方程组有唯一解

$$\begin{cases}x_{1}=-1, \\ x_{2}=\lambda+2, \\ x_{3}=-1.\end{cases}$$

(2) 当 $\lambda=1$，方程组有无穷多个解，它的同解方程为 $x_{1}+x_{2}+x_{3}=1$. 于是方程组的通解为

$$\boldsymbol{X}=(1,\ 0,\ 0)^{\mathrm{T}}+k_{1}(-1,\ 1,\ 0)^{\mathrm{T}}+k_{2}(-1,\ 0,\ 1)^{\mathrm{T}},\ k_{1},\ k_{2} \in \mathbf{R}.$$

习题 3

1. 设一线性方程组的增广矩阵为 $\left(\begin{array}{ccc|c}1 & 2 & -1 & 0 \\ 0 & -5 & 3 & 0 \\ -1 & 4 & \beta & 0\end{array}\right)$.

(1) 此方程有可能无解吗？说明理由.

(2) β 取何值时方程组有无穷多个解？

2. 讨论下列阶梯形矩阵为增广矩阵的线性方程组时是否有解．如有解，区分是唯一解还是无穷多解.

(1) $\left(\begin{array}{ccc|c}-1 & 2 & -3 & 0 \\ 0 & 0 & 2 & -3 \\ 0 & 0 & 0 & 0\end{array}\right)$；　　(2) $\left(\begin{array}{ccc|c}1 & {=}3 & 2 & -1 \\ 0 & 2 & 0 & 3 \\ 0 & 0 & 1 & 4\end{array}\right)$.

3. 求 λ 的值，使得方程组 $\begin{cases}(\lambda-2) x+y=0, \\ -x+(\lambda-2) y=0\end{cases}$ 有非零解.

4. 若线性方程组 $\begin{cases}x_{1}+x_{2}=-a_{1}, \\ x_{2}+x_{3}=a_{2}, \\ x_{3}+x_{4}=-a_{3}, \\ x_{4}+x_{1}=a_{4}\end{cases}$ 有解，则常数 a_{1}，a_{2}，a_{3}，a_{4} 应满足什么条件？

5. 问 λ，μ 取何值时，齐次线性方程组 $\begin{cases}\lambda x_1+x_2+x_3=0,\\ x_1+\mu x_2+x_3=0,\\ x_1+2\mu x_2+x_3=0\end{cases}$ 有非零解？

6. 讨论 λ 取何值，线性方程组 $\begin{cases}\lambda x_1+x_2+x_3=1,\\ x_1+\lambda x_2+x_3=\lambda,\\ x_1+x_2+\lambda x_3=\lambda^2\end{cases}$ 有唯一解、有无穷多解、无解？有解求出其解.

7. 设 $\boldsymbol{\eta}_1$，$\boldsymbol{\eta}_2$，…，$\boldsymbol{\eta}_m$ 都是非齐次线性方程组 $\boldsymbol{AX}=\boldsymbol{b}$ 的解向量，令 $\boldsymbol{\eta}=k_1\boldsymbol{\eta}_1+k_2\boldsymbol{\eta}_2+\cdots+k_m\boldsymbol{\eta}_m$. 试证：

(1) 若 $k_1+k_2+\cdots+k_m=0$，则 $\boldsymbol{\eta}$ 是 $\boldsymbol{AX}=\boldsymbol{b}$ 的导出组的解向量；

(2) 若 $k_1+k_2+\cdots+k_m=1$，则 $\boldsymbol{\eta}$ 也是 $\boldsymbol{AX}=\boldsymbol{b}$ 的解向量.

8. 设 $\boldsymbol{A}$ 为4阶方阵，$R(\boldsymbol{A})=3$，$\boldsymbol{\alpha}_1$，$\boldsymbol{\alpha}_2$，$\boldsymbol{\alpha}_3$ 都是非齐次线性方程组 $\boldsymbol{AX}=\boldsymbol{b}$ 的解向量，其中

$$\boldsymbol{\alpha}_1+2\boldsymbol{\alpha}_2=\begin{pmatrix}1\\9\\9\\4\end{pmatrix},\ 2\boldsymbol{\alpha}_2+4\boldsymbol{\alpha}_3=\begin{pmatrix}1\\8\\8\\4\end{pmatrix}.$$

(1) 求 $\boldsymbol{AX}=\boldsymbol{b}$ 的导出组 $\boldsymbol{AX}=\boldsymbol{0}$ 的一个基础解系；

(2) 求 $\boldsymbol{AX}=\boldsymbol{b}$ 的通解.

9. 求下列齐次线性方程组的基础解系及通解.

(1) $\begin{cases}x_1-2x_2+x_3-x_4+x_5=0,\\ 2x_1+x_2-x_3+2x_4-3x_5=0,\\ 3x_1-2x_2-x_3+x_4-2x_5=0,\\ 2x_1-5x_2+x_3-2x_4+2x_5=0;\end{cases}$

(2) $\begin{cases}x_1-2x_2+x_3+x_4-x_5=0,\\ 2x_1-x_2-x_3-x_4+x_5=0,\\ x_1+7x_2-5x_3-5x_4+5x_5=0,\\ 3x_1-x_2-2x_3+x_4-x_5=0;\end{cases}$

(3) $\begin{cases}3x_1+2x_2+3x_3-2x_4=0,\\ 2x_1+x_2+x_3-x_4=0,\\ 2x_1+2x_2+x_3+2x_4=0;\end{cases}$

(4) $\begin{cases} x_1+x_2=0, \\ 2x_1+3x_2+x_3+x_4=0, \\ 2x_1+2x_2+2x_3+x_4=0. \end{cases}$

10. 求下列非齐次线性方程组的通解.

(1) $\begin{cases} 2x_1+x_2-x_3-x_4=1, \\ x_1-3x_2+2x_3-4x_4=3, \\ x_1+4x_2-3x_3+5x_4=-2; \end{cases}$

(2) $\begin{cases} 3x_1+4x_2+x_3+2x_4=3, \\ 6x_1+8x_2+2x_3+5x_4=7, \\ 9x_1+12x_2+3x_3+10x_4=13; \end{cases}$

(3) $\begin{cases} 2x_1+x_2-x_3+x_4=1, \\ x_1+\dfrac{1}{2}x_2-\dfrac{1}{2}x_3-\dfrac{1}{2}x_4=\dfrac{1}{2}, \\ 4x_1+2x_2-2x_3+2x_4=2; \end{cases}$

(4) $\begin{pmatrix} 1 & 3 & 5 & -4 & 0 \\ 1 & 3 & 2 & -2 & 1 \\ 1 & -2 & 1 & -1 & -1 \\ 1 & 2 & 1 & -1 & -1 \end{pmatrix}\begin{pmatrix} x_1 \\ x_2 \\ x_3 \\ x_4 \\ x_5 \end{pmatrix}=\begin{pmatrix} 1 \\ -1 \\ 3 \\ 3 \end{pmatrix}$;

(5) $\begin{cases} 2x+y-z+w=1, \\ 4x+2y-2z+w=2, \\ 2x+y-z-w=1; \end{cases}$

(6) $\begin{cases} 2x+y-z+w=1, \\ 3x-2y+z-3w=4, \\ x+4y-3z+5w=-2. \end{cases}$

11. 设方程组 $\begin{cases} a_{11}x_1+a_{12}x_2+\cdots+a_{1n}x_n=0, \\ a_{21}x_1+a_{22}x_2+\cdots+a_{2n}x_n=0, \\ \quad\vdots \\ a_{n1}x_1+a_{n2}x_2+\cdots+a_{nn}x_n=0 \end{cases}$ 系数矩阵 $\boldsymbol{A}$ 的秩为 $n-1$，而 $\boldsymbol{A}$ 中某个元素 a_{ij} 的代数余子式 $A_{ij}\neq 0$，试证 $(A_{11}, A_{12}, \cdots, A_{1n})$ 是该方程组的基础解系.

12. 设 $\boldsymbol{x}=\boldsymbol{\eta}$ 是非齐次方程组 $\boldsymbol{AX}=\boldsymbol{b}$ 的一个解向量，$\boldsymbol{\xi}_1$，$\boldsymbol{\xi}_2$，…，$\boldsymbol{\xi}_{n-r}$ 是 $\boldsymbol{AX}=\boldsymbol{b}$ 的导出组的基础解系，证明：

(1) $\boldsymbol{\xi}_1$，$\boldsymbol{\xi}_2$，…，$\boldsymbol{\xi}_{n-r}$，$\boldsymbol{\eta}$ 线性无关；

(2) $\boldsymbol{\eta}$，$\boldsymbol{\xi}_1+\boldsymbol{\eta}$，$\boldsymbol{\xi}_2+\boldsymbol{\eta}$，…，$\boldsymbol{\xi}_{n-r}+\boldsymbol{\eta}$ 是 $\boldsymbol{AX}=\boldsymbol{b}$ 的 $\boldsymbol{n}-\boldsymbol{r}+1$ 个线性无关的解向量.

13. 设 $\boldsymbol{A}$ 是 $m\times n$ 矩阵，试证 $\boldsymbol{A}$ 的秩是 m 的充要条件是：对任意的 $m\times 1$ 矩阵 $\boldsymbol{b}$，方程 $\boldsymbol{AX}=\boldsymbol{b}$ 总有解.

第4章 矩阵的秩与 n 维向量空间

矩阵的秩是矩阵的一个重要的数字特征，是矩阵在初等变换下的一个不变量，它可以解决线性方程组解的存在性问题．对于有无穷多解的情况，还必须把解集的结构搞清楚，而要解决解集的结构问题，就得先讨论关于向量组的一系列重要性质.

4.1 矩阵的秩

定义 4.1 设 $\boldsymbol{A}$ 是一个 $m\times n$ 矩阵，任取 $\boldsymbol{A}$ 的 k 行与 k 列($0<k\leqslant m$，$0<k\leqslant n$)，位于这些行列交叉处的 k^2 个元素，按原来的次序所构成的 k 阶行列式，称为矩阵 $\boldsymbol{A}$ 的 k 阶子式.

$m\times n$ 矩阵 $\boldsymbol{A}$ 的 k 阶子式共有 $C_m^k C_n^k$ 个.

显然，$\boldsymbol{A}$ 的每一个元素 a_{ij} 是 $\boldsymbol{A}$ 的一个一阶子式，而当 $\boldsymbol{A}$ 为 n 阶方阵时，它的 n 阶子式只有一个，即 $\boldsymbol{A}$ 的行列式 $|\boldsymbol{A}|$.

例如，在 $\boldsymbol{A}=\begin{pmatrix}1&2&3&4\\0&1&2&0\\2&6&4&5\end{pmatrix}$ 中选取第2，3行及第1，4列，它们交叉点处元素所成行列式 $\begin{vmatrix}0&0\\2&5\end{vmatrix}=0$ 就是 $\boldsymbol{A}$ 的一个二阶子式，再选取1，2，3行及2，3，4列得到一个3阶子式 $\begin{vmatrix}2&3&4\\1&2&0\\6&4&5\end{vmatrix}=15\neq 0$. 由于行和列的取法很多，所以一个矩阵 $\boldsymbol{A}$ 的子式有很多个. 在这样的子式中，有的值为零，有的值不为零. 对于不为零的子式，我们有以下定义：

定义 4.2 矩阵 $\boldsymbol{A}$ 的不为零的子式的最高阶数称为矩阵 $\boldsymbol{A}$ 的秩，记为 $R(\boldsymbol{A})$.

规定零矩阵的秩为零.

由定义 4.2 可知：

(1) 若 $R(\boldsymbol{A})=r$，则矩阵 $\boldsymbol{A}$ 至少有一个 r 阶子式不为零，所有的 $r+1$ 阶都为零；

(2) $0\leqslant R(\boldsymbol{A}_{m\times n})\leqslant \min\{m,n\}$；

(3) $R(\boldsymbol{A}^{\mathrm{T}})=R(\boldsymbol{A})$；

(4) 对于 n 阶方阵 $\boldsymbol{A}$，有 $R(\boldsymbol{A})=n \Leftrightarrow |\boldsymbol{A}| \neq 0$.

$\max\{R(\boldsymbol{A}), R(\boldsymbol{B})\} \leqslant R(\boldsymbol{A}, \boldsymbol{B}) \leqslant R(\boldsymbol{A})+R(\boldsymbol{B})$. 特别地，当 $\boldsymbol{B}=\boldsymbol{b}$ 为列向量时，有 $R(\boldsymbol{A}) \leqslant R(\boldsymbol{A}, \boldsymbol{b}) \leqslant R(\boldsymbol{A})+1$.

例如，矩阵 $\boldsymbol{A}=\begin{pmatrix}1 & 2 & 3\\ 2 & 4 & 6\\ 0 & 8 & 7\end{pmatrix}$ 中 $|\boldsymbol{A}|=\begin{vmatrix}1 & 2 & 3\\ 2 & 4 & 6\\ 0 & 8 & 7\end{vmatrix}=0$，$\begin{vmatrix}2 & 4\\ 0 & 8\end{vmatrix}=16 \neq 0$，所以 $R(\boldsymbol{A})=2$.

矩阵 $\boldsymbol{A}=\begin{pmatrix}2 & 5 & -1\\ 0 & 0 & 3\\ 0 & 4 & -2\end{pmatrix}$，由于 $|\boldsymbol{A}| \neq 0$，因此 $R(\boldsymbol{A})=3$.

对于行、列数较多的矩阵，用秩的定义计算 $R(\boldsymbol{A})$，有时要计算多个行列式，计算量相当大．然而，某些特殊类型的矩阵的秩的计算是十分简单的. 例如，在矩阵 $\boldsymbol{B}=\begin{pmatrix}1 & 2 & 3 & -1\\ 0 & -1 & -1 & 1\\ 0 & 0 & 0 & 0\end{pmatrix}$ 中，由于 $\boldsymbol{B}$ 的所有的 3 阶子式全为零，而在二阶子式中 $\begin{vmatrix}1 & 2\\ 0 & -1\end{vmatrix}$ 是 $\boldsymbol{B}$ 的一个二阶非零子式，因此 $R(\boldsymbol{B})=2$.

矩阵 $\boldsymbol{B}$ 称为阶梯形矩阵. 从计算阶梯形矩阵的秩的过程中，我们不难得到，任何一个阶梯形矩阵的秩等于它的非零行的个数．由矩阵的初等变换知道，任何一个矩阵总可以经初等变换化为阶梯形矩阵，那么矩阵经过初等变换后，其秩会不会改变呢？

定理 1 初等变换不改变矩阵的秩.

证 (以行变换为例) 设 $\boldsymbol{A}$ 是 $m \times n$ 矩阵，$R(\boldsymbol{A})=r$，$\boldsymbol{A}$ 经有限次初等行变换变成 $\boldsymbol{B}$，要证 $R(\boldsymbol{B})=r$.

先分别考虑以下三种行变换：

(1) $\boldsymbol{A} \xrightarrow{r_i \leftrightarrow r_j} \boldsymbol{B}$；这时 $\boldsymbol{B}$ 的任一 s 阶子式与 $\boldsymbol{A}$ 的某一 s 阶子式要么相等，要么只差一个负号，因此 $R(\boldsymbol{A})=r=R(\boldsymbol{B})$.

(2) $\boldsymbol{A} \xrightarrow{kr_i} \boldsymbol{B}$，$k \neq 0$；这时 $\boldsymbol{B}$ 的任一 s 阶子式与 $\boldsymbol{A}$ 的相应 s 阶子式要么相等，要么为 k 倍关系 $(k \neq 0)$，因此 $R(\boldsymbol{A})=r=R(\boldsymbol{B})$.

(3) $\boldsymbol{A} \xrightarrow{r_i+kr_j} \boldsymbol{B}$；这时 $\boldsymbol{B}$ 的任一 s 阶子式与 $\boldsymbol{A}$ 的相应 s 阶子式相等，因此 $R(\boldsymbol{A})=r=R(\boldsymbol{B})$.

既然每一种初等行变换都不改变矩阵的秩，那么有限次初等行变换也不改变矩阵的秩.

定理 1 的意义在于指明：矩阵的秩是反映矩阵本质属性的一个数，是矩阵在初等行变换之下的不变量；它可以通过初等变换将矩阵化为阶梯形来求出矩阵的秩，但与初等行变换无关.

例 1　求矩阵 $A=\begin{pmatrix}1 & -1 & -1 & 0 & -2\\ -1 & 2 & 2 & 2 & 6\\ 0 & 1 & 1 & 2 & 4\\ 0 & 1 & 1 & -1 & 1\end{pmatrix}$ 的秩.

解

$$A\xrightarrow{r_2+r_1}\begin{pmatrix}1 & -1 & -1 & 0 & -2\\ 0 & 1 & 1 & 2 & 4\\ 0 & 1 & 1 & 2 & 4\\ 0 & 1 & 1 & -1 & 1\end{pmatrix}\longrightarrow\begin{pmatrix}1 & -1 & -1 & 0 & -2\\ 0 & 1 & 1 & 2 & 4\\ 0 & 0 & 0 & 0 & 0\\ 0 & 0 & 0 & -3 & -3\end{pmatrix}$$

$$\xrightarrow{r_3\leftrightarrow r_4}\begin{pmatrix}1 & -1 & -1 & 0 & -2\\ 0 & 1 & 1 & 2 & 4\\ 0 & 0 & 0 & -3 & -3\\ 0 & 0 & 0 & 0 & 0\end{pmatrix},$$

故 $R(A)=3$.

例 2　设 A 是 $m\times n$ 矩阵，P 是 m 阶可逆方阵，Q 是 n 阶可逆方阵，则 $R(PA)=R(AQ)=R(PAQ)=R(A)$.

证　因为矩阵 A 的左边乘以可逆方阵 P，相当于对 A 进行一系列初等行变换，由定理 1，得到 $R(PA)=R(A)$，类似可证 $R(AQ)=R(A)$，$R(PAQ)=R(A)$.

例 3　设 $A=\begin{pmatrix}k & 1 & 1\\ 1 & k & 1\\ 1 & 1 & 2\end{pmatrix}$，$b=\begin{pmatrix}1\\ k\\ 2\end{pmatrix}$，$B=(A,\ b)$. 问 k 取何值，可使：

(1)$R(A)=R(B)=3$；(2)$R(A)<R(B)$；(3)$R(A)=R(B)<3$.

解　由于

$$B=\begin{pmatrix}k & 1 & 1 & 1\\ 1 & k & 1 & k\\ 1 & 1 & 2 & 2\end{pmatrix}\longrightarrow\begin{pmatrix}1 & 1 & 2 & 2\\ 0 & k-1 & -1 & k-2\\ 0 & 1-k & 1-2k & 1-2k\end{pmatrix}$$

$$\xrightarrow{r_2+r_3}\begin{pmatrix}1 & 1 & 2 & 2\\ 0 & 1-k & 1 & 2-k\\ 0 & 0 & 2k & k+1\end{pmatrix},$$

因此，(1) 当 $k\neq 0$ 且 $k\neq -1$ 时，$R(A)=R(B)=3$.

(2) 当 $k=0$ 时，$R(A)=2$，$R(B)=3$，$R(A)<R(B)$.

(3) 当 $k=-1$ 时，

$$\begin{pmatrix}1 & 1 & 2 & 2\\ 0 & 1-k & 1 & 2-k\\ 0 & 0 & 2k & k+1\end{pmatrix}=\begin{pmatrix}1 & 1 & 2 & 2\\ 0 & 0 & 1 & 1\\ 0 & 0 & 2 & 2\end{pmatrix}\to\begin{pmatrix}1 & 1 & 2 & 2\\ 0 & 0 & 1 & 1\\ 0 & 0 & 0 & 0\end{pmatrix},$$

故 $R(\boldsymbol{A})=R(\boldsymbol{B})=2<3$.

4.2 n 维向量

定义 4.3 n 个有序的数 a_1，a_2，…，a_n 所组成的数组称为 n 维向量，记为

$$\boldsymbol{a}=\begin{pmatrix}a_1\\a_2\\\vdots\\a_n\end{pmatrix} \text{或} \boldsymbol{a}^{\mathrm{T}}=(a_1,\ a_2,\ \cdots,\ a_n).$$

其中：$a_i(i=1,\ 2,\ \cdots,\ n)$ 称为向量 $\boldsymbol{a}$ 或 $\boldsymbol{a}^{\mathrm{T}}$ 的第 i 个分量.

分量全为实数的向量称为实向量，分量为复数的向量称为复向量.

向量 $\boldsymbol{a}=\begin{pmatrix}a_1\\a_2\\\vdots\\a_n\end{pmatrix}$ 称为**列向量**，向量 $\boldsymbol{a}^{\mathrm{T}}=(a_1,\ a_2,\ \cdots,\ a_n)$ 称为**行向量**．列向量用黑体小写字母 $\boldsymbol{a}$，$\boldsymbol{b}$，$\boldsymbol{\alpha}$，$\boldsymbol{\beta}$ 等表示，行向量则用 $\boldsymbol{a}^{\mathrm{T}}$，$\boldsymbol{b}^{\mathrm{T}}$，$\boldsymbol{\alpha}^{\mathrm{T}}$，$\boldsymbol{\beta}^{\mathrm{T}}$ 等表示．如无特别声明，向量都视为列向量.

n 维向量可以看作矩阵，按矩阵的运算规则进行运算.

n 维向量的全体所组成的集合 $\mathbf{R}^n=\{x=(x_1,\ x_2,\ \cdots,\ x_n)^{\mathrm{T}}\mid x_1,\ x_2,\ \cdots,\ x_n\in\mathbf{R}\}$ 称为 **n 维向量空间**.

若干个同维数的列向量(或同维数的行向量) 所组成的集合，称为**向量组**.

矩阵的列向量组和行向量组都是只含有限个向量的向量组；反之，一个含有限个向量的向量组总可以构成一个矩阵．例如，n 个 m 维列向量所组成的向量组 $\boldsymbol{a}_1$，$\boldsymbol{a}_2$，…，$\boldsymbol{a}_n$ 构成一个 $m\times n$ 矩阵 $\boldsymbol{A}_{m\times n}=(\boldsymbol{a}_1,\ \boldsymbol{a}_2,\ \cdots,\ \boldsymbol{a}_n)$.

m 个 n 维行向量所组成的向量组 $\boldsymbol{\beta}_1^{\mathrm{T}}$，$\boldsymbol{\beta}_2^{\mathrm{T}}$，…，$\boldsymbol{\beta}_m^{\mathrm{T}}$ 构成一个 $m\times n$ 矩阵

$$\boldsymbol{B}_{m\times n}=\begin{pmatrix}\boldsymbol{\beta}_1^{\mathrm{T}}\\\boldsymbol{\beta}_2^{\mathrm{T}}\\\vdots\\\boldsymbol{\beta}_m^{\mathrm{T}}\end{pmatrix}.$$

综上所述，含有限个向量的有序向量组与矩阵一一对应.

定义 4.4 给定向量组 A：$\boldsymbol{a}_1$，$\boldsymbol{a}_2$，…，$\boldsymbol{a}_m$，对于任何一组实数 k_1，k_2，…，k_m，表达式 $k_1\boldsymbol{a}_1+k_2\boldsymbol{a}_2+\cdots+k_m\boldsymbol{a}_m$ 称为向量组 A 的一个线性组合，k_1，k_2，…，k_m 称为其系数.

给定向量组 A：$\boldsymbol{a}_1$，$\boldsymbol{a}_2$，…，$\boldsymbol{a}_m$ 和向量 $\boldsymbol{b}$，如果存在一组数 λ_1，λ_2，…，λ_m，使

$\boldsymbol{b}=\lambda_1\boldsymbol{a}_1+\lambda_2\boldsymbol{a}_2+\cdots+\lambda_m\boldsymbol{a}_m$，则称向量 $\boldsymbol{b}$ 可由向量组 A 线性表示.

向量 $\boldsymbol{\beta}$ 可由向量组 A 线性表示，也就是方程组 $x_1\boldsymbol{a}_1+x_2\boldsymbol{a}_2+\cdots+x_m\boldsymbol{a}_m=\boldsymbol{b}$ 有解.

例 1　向量组 $\boldsymbol{e}_1=(1,0,\cdots,0)^T$，$\boldsymbol{e}_2=(0,1,\cdots,0)^T$，…，$\boldsymbol{e}_n=(0,0,\cdots,1)^T$ 称为 n 维单位坐标向量．对任一 n 维向量 $\boldsymbol{\alpha}=(a_1,a_2,\cdots,a_n)^T$，有 $\boldsymbol{\alpha}=a_1\boldsymbol{e}_1+a_2\boldsymbol{e}_2+\cdots+a_n\boldsymbol{e}_n$.

例 2　设 $\boldsymbol{\alpha}_1=(1,1,1)^T$，$\boldsymbol{\alpha}_2=(1,3,2)^T$，$\boldsymbol{\beta}=(1,-1,0)^T$，问 $\boldsymbol{\beta}$ 能否由 $\boldsymbol{\alpha}_1$，$\boldsymbol{\alpha}_2$ 线性表示？

解　设 $x_1\boldsymbol{\alpha}_1+x_2\boldsymbol{\alpha}_2=\boldsymbol{\beta}$，有以下方程组

$$\begin{cases}x_1+x_2=1,\\x_1+3x_2=-1,\\x_1+2x_2=0,\end{cases}$$

可求得 $x_1=2$，$x_2=-1$，即 $2\boldsymbol{\alpha}_1-\boldsymbol{\alpha}_2=\boldsymbol{\beta}$，可见 $\boldsymbol{\beta}$ 能由 $\boldsymbol{\alpha}_1$，$\boldsymbol{\alpha}_2$ 线性表示.

事实上，初等行变换不改变矩阵秩的同时也不改变向量组之间向量与向量的关系.

例 3　设 $\boldsymbol{\alpha}_1=(1,2,1)^T$，$\boldsymbol{\alpha}_2=(2,1,-1)^T$，$\boldsymbol{\alpha}_3=(2,-2,-4)^T$，$\boldsymbol{\beta}=(1,-2,-3)^T$，问 $\boldsymbol{\beta}$ 能否由 $\boldsymbol{\alpha}_1$，$\boldsymbol{\alpha}_2$，$\boldsymbol{\alpha}_3$ 线性表示？

解　由于

$$(\boldsymbol{\alpha}_1,\boldsymbol{\alpha}_2,\boldsymbol{\alpha}_3,\boldsymbol{\beta})=\begin{pmatrix}1&2&2&1\\2&1&-2&-2\\1&-1&-5&-4\end{pmatrix}\rightarrow\begin{pmatrix}1&0&0&\frac{1}{3}\\0&1&0&-\frac{2}{3}\\0&0&1&1\end{pmatrix},$$

所以，向量 $\boldsymbol{\beta}$ 可由向量 $\boldsymbol{\alpha}_1$，$\boldsymbol{\alpha}_2$，$\boldsymbol{\alpha}_3$ 线性表示，且表示式为 $\boldsymbol{\beta}=\frac{1}{3}\boldsymbol{\alpha}_1-\frac{2}{3}\boldsymbol{\alpha}_2+\boldsymbol{\alpha}_3$.

4.3　向量组的线性相关性

设有3个向量 $\boldsymbol{\alpha}_1=\begin{pmatrix}1\\0\\0\end{pmatrix}$，$\boldsymbol{\alpha}_2=\begin{pmatrix}0\\1\\0\end{pmatrix}$，$\boldsymbol{\alpha}_3=\begin{pmatrix}1\\1\\0\end{pmatrix}$，若用向量 $\boldsymbol{\alpha}_1$，$\boldsymbol{\alpha}_2$，$\boldsymbol{\alpha}_3$ 线性表示零向量，易见 $\boldsymbol{\alpha}_1+\boldsymbol{\alpha}_2-\boldsymbol{\alpha}_3=\boldsymbol{0}$ 或者 $0\boldsymbol{\alpha}_1+0\boldsymbol{\alpha}_2+0\boldsymbol{\alpha}_3=\boldsymbol{0}$. 而对于有的向量，例如，$\boldsymbol{e}_1=\begin{pmatrix}1\\0\\0\end{pmatrix}$，$\boldsymbol{e}_2=\begin{pmatrix}0\\1\\0\end{pmatrix}$，$\boldsymbol{e}_3=\begin{pmatrix}0\\0\\1\end{pmatrix}$ 线性表示零向量，仅有 $0\boldsymbol{e}_1+0\boldsymbol{e}_2+0\boldsymbol{e}_3=\boldsymbol{0}$. 因此有以下定义：

定义 4.5 设有向量组 A：$\boldsymbol{\alpha}_1$，$\boldsymbol{\alpha}_2$，…，$\boldsymbol{\alpha}_m$，如果存在不全为零的数 k_1，k_2，…，k_m，使 $k_1\boldsymbol{\alpha}_1+k_2\boldsymbol{\alpha}_2+\cdots+k_m\boldsymbol{\alpha}_m=\mathbf{0}$，则称向量组 A：$\boldsymbol{\alpha}_1$，$\boldsymbol{\alpha}_2$，…，$\boldsymbol{\alpha}_m$ 是线性相关的，否则称为线性无关.

显然，在上例中向量组 $\boldsymbol{\alpha}_1$，$\boldsymbol{\alpha}_2$，$\boldsymbol{\alpha}_3$ 线性相关，而向量组 $\boldsymbol{e}_1$，$\boldsymbol{e}_2$，$\boldsymbol{e}_3$ 线性无关.

注： 若应用初等行变换方法判断行(列)向量组的线性相关性与无关性，要将向量组转化为列向量的形式判断；反之，若应用初等列变换的方法判断行(列)向量组的线性相关性与无关性，则要将向量组转化为行向量的形式判断.

例 1 试证：n 维基本单位向量 $\boldsymbol{e}_1$，$\boldsymbol{e}_2$，…，$\boldsymbol{e}_n$ 线性无关.

证 若 $k_1\boldsymbol{e}_1+k_2\boldsymbol{e}_2+\cdots+k_n\boldsymbol{e}_n=\mathbf{0}$，即

$$k_1(1,0,\cdots,0)+k_2(0,1,\cdots,0)+\cdots+k_n(0,0,\cdots,1)=(0,0,\cdots,0).$$

从而 $k_1=0$，$k_2=0$，…，$k_n=0$，故 $\boldsymbol{e}_1$，$\boldsymbol{e}_2$，…，$\boldsymbol{e}_n$ 线性无关.

例 2 讨论向量组 $\boldsymbol{\alpha}_1=(1,1,1)$，$\boldsymbol{\alpha}_2=(1,3,5)$，$\boldsymbol{\alpha}_3=(1,-1,-3)$ 的线性相关性.

解 设 $x_1\boldsymbol{\alpha}_1+x_2\boldsymbol{\alpha}_2+x_3\boldsymbol{\alpha}_3=\mathbf{0}$，其系数矩阵的行列式 $|\boldsymbol{A}|=\begin{vmatrix}1&1&1\\1&3&-1\\1&5&-3\end{vmatrix}=0$，由齐次线性方程组解的理论知，方程组有非零解，故 $\boldsymbol{\alpha}_1$，$\boldsymbol{\alpha}_2$，$\boldsymbol{\alpha}_3$ 线性相关．如 $2\boldsymbol{\alpha}_1-\boldsymbol{\alpha}_2-\boldsymbol{\alpha}_3=\mathbf{0}$.

例 3 设 $\boldsymbol{\alpha}_1$，$\boldsymbol{\alpha}_2$，$\boldsymbol{\alpha}_3$ 线性无关，求证：$\boldsymbol{\alpha}_1+\boldsymbol{\alpha}_2$，$\boldsymbol{\alpha}_2+2\boldsymbol{\alpha}_3$，$\boldsymbol{\alpha}_3-3\boldsymbol{\alpha}_1$ 线性无关.

证 令 $x_1(\boldsymbol{\alpha}_1+\boldsymbol{\alpha}_2)+x_2(\boldsymbol{\alpha}_2+2\boldsymbol{\alpha}_3)+x_3(\boldsymbol{\alpha}_3-3\boldsymbol{\alpha}_1)=\mathbf{0}$，按 $\boldsymbol{\alpha}_1$，$\boldsymbol{\alpha}_2$，$\boldsymbol{\alpha}_3$ 集项有

$$(x_1-3x_3)\boldsymbol{\alpha}_1+(x_1+x_2)\boldsymbol{\alpha}_2+(2x_2+x_3)\boldsymbol{\alpha}_3=\mathbf{0},$$

由 $\boldsymbol{\alpha}_1$，$\boldsymbol{\alpha}_2$，$\boldsymbol{\alpha}_3$ 线性无关得线性方程组

$$\begin{cases}x_1-3x_3=0,\\x_1+x_2=0,\\2x_2+x_3=0,\end{cases}$$

其系数行列式 $\begin{vmatrix}1&0&-3\\1&1&0\\0&2&1\end{vmatrix}=-5\neq0$，由齐次线性方程组解的理论知，方程组只有零解，故 $\boldsymbol{\alpha}_1$，$\boldsymbol{\alpha}_2$，$\boldsymbol{\alpha}_3$ 线性无关.

例 4 设 $\boldsymbol{\beta}_1=\boldsymbol{\alpha}_1+\boldsymbol{\alpha}_2$，$\boldsymbol{\beta}_2=\boldsymbol{\alpha}_2+\boldsymbol{\alpha}_3$，$\boldsymbol{\beta}_3=\boldsymbol{\alpha}_3+\boldsymbol{\alpha}_4$，$\boldsymbol{\beta}_4=\boldsymbol{\alpha}_4+\boldsymbol{\alpha}_1$. 证明：向量组 $\boldsymbol{\beta}_1$，$\boldsymbol{\beta}_2$，$\boldsymbol{\beta}_3$，$\boldsymbol{\beta}_4$ 线性相关.

证 由于 $\boldsymbol{\beta}_1+\boldsymbol{\beta}_3=\boldsymbol{\beta}_2+\boldsymbol{\beta}_4$，即 $\boldsymbol{\beta}_1-\boldsymbol{\beta}_2+\boldsymbol{\beta}_3-\boldsymbol{\beta}_4=\mathbf{0}$，所以向量组 $\boldsymbol{\beta}_1$，$\boldsymbol{\beta}_2$，$\boldsymbol{\beta}_3$，$\boldsymbol{\beta}_4$ 线性相关.

例 5 若 $\boldsymbol{\alpha}_1$，$\boldsymbol{\alpha}_2$，…，$\boldsymbol{\alpha}_r$ 线性无关，而 $\boldsymbol{\alpha}_{r+1}$ 不能由 $\boldsymbol{\alpha}_1$，$\boldsymbol{\alpha}_2$，…，$\boldsymbol{\alpha}_r$ 线性表示，则 $\boldsymbol{\alpha}_1$，$\boldsymbol{\alpha}_2$，…，$\boldsymbol{\alpha}_r$，$\boldsymbol{\alpha}_{r+1}$ 线性无关.

证 用反证法．若 $\boldsymbol{\alpha}_1$，$\boldsymbol{\alpha}_2$，…，$\boldsymbol{\alpha}_r$，$\boldsymbol{\alpha}_{r+1}$ 线性相关，则有不全为零的数 k_1，k_2，…，k_r，k_{r+1}，使

$$k_1\boldsymbol{\alpha}_1+k_2\boldsymbol{\alpha}_2+\cdots+k_r\boldsymbol{\alpha}_r+k_{r+1}\boldsymbol{\alpha}_{r+1}=\boldsymbol{0},$$

其中 $k_{r+1}\neq 0$，否则有 $k_1\boldsymbol{\alpha}_1+k_2\boldsymbol{\alpha}_2+\cdots+k_r\boldsymbol{\alpha}_r=\boldsymbol{0}$，由 $\boldsymbol{\alpha}_1$，$\boldsymbol{\alpha}_2$，…，$\boldsymbol{\alpha}_r$ 线性无关，可得 $k_1=0$，$k_2=0$，…，$k_r=0$，从而与 $\boldsymbol{\alpha}_1$，$\boldsymbol{\alpha}_2$，…，$\boldsymbol{\alpha}_r$，$\boldsymbol{\alpha}_{r+1}$ 线性相关矛盾．但是，当 $k_{r+1}\neq 0$ 时，$\boldsymbol{\alpha}_{r+1}$ 可由 $\boldsymbol{\alpha}_1$，$\boldsymbol{\alpha}_2$，…，$\boldsymbol{\alpha}_r$ 线性表示，又与题设矛盾．所以 $\boldsymbol{\alpha}_1$，$\boldsymbol{\alpha}_2$，…，$\boldsymbol{\alpha}_r$，$\boldsymbol{\alpha}_{r+1}$ 线性无关.

根据定义 4.5 可以得到判别向量组线性相关或线性无关的一些准则.

准则 1 单个向量 $\boldsymbol{\alpha}$ 线性相关 $\Leftrightarrow \boldsymbol{\alpha}=\boldsymbol{0}$.

准则 2 两个向量 $\boldsymbol{\alpha}$，$\boldsymbol{\beta}$ 线性相关 $\Leftrightarrow \boldsymbol{\alpha}$，$\boldsymbol{\beta}$ 的分量成比例.

由准则 2 得：两向量线性相关的几何解释是两向量共线(平行).

准则 3 含零向量的向量组线性相关.

准则 4 m 个 n 维的列向量($m<n$).

若 $\boldsymbol{\alpha}_1$，$\boldsymbol{\alpha}_2$，…，$\boldsymbol{\alpha}_m$ 线性相关 $\Leftrightarrow R(\boldsymbol{A})<m \Leftrightarrow$ 齐次线性方程组 $\boldsymbol{AX}=\boldsymbol{0}$ 有非零解.

若 $\boldsymbol{\alpha}_1$，$\boldsymbol{\alpha}_2$，…，$\boldsymbol{\alpha}_m$ 线性无关 $\Leftrightarrow R(\boldsymbol{A})=m \Leftrightarrow$ 齐次线性方程组 $\boldsymbol{AX}=\boldsymbol{0}$ 只有零解.

准则 5 n 个 n 维的列向量 $\boldsymbol{\alpha}_1$，$\boldsymbol{\alpha}_2$，…，$\boldsymbol{\alpha}_n$，设 $\boldsymbol{A}=(\boldsymbol{\alpha}_1,\boldsymbol{\alpha}_2,\cdots,\boldsymbol{\alpha}_n)$ 线性相关，则

$\boldsymbol{\alpha}_1$，$\boldsymbol{\alpha}_2$，…，$\boldsymbol{\alpha}_n$ 线性相关 $\Leftrightarrow |\boldsymbol{A}|=0 \Leftrightarrow$ 齐次线性方程组 $\boldsymbol{AX}=\boldsymbol{0}$ 有非零解.

$\boldsymbol{\alpha}_1$，$\boldsymbol{\alpha}_2$，…，$\boldsymbol{\alpha}_n$ 线性无关 $\Leftrightarrow |\boldsymbol{A}|\neq 0 \Leftrightarrow$ 齐次线性方程组 $\boldsymbol{AX}=\boldsymbol{0}$ 只有零解.

例 6 当 a 为何值时，向量组 $(3,2,-1)$，$(0,1,2)$，$(1,0,a)$ 线性相关.

解 根据准则 5，三个向量线性相关的充要条件是 $\begin{vmatrix} 3 & 0 & 1 \\ 2 & 1 & 0 \\ -1 & 2 & a \end{vmatrix}=3a+5=0$，即 $a=-\dfrac{5}{3}$，所以当且仅当 $a=-\dfrac{5}{3}$ 时，原向量组线性相关.

由空间解析几何知，三阶行列式 $|\boldsymbol{\alpha}_1,\boldsymbol{\alpha}_2,\boldsymbol{\alpha}_3|$ 表示三个向量 $\boldsymbol{\alpha}_1$，$\boldsymbol{\alpha}_2$，$\boldsymbol{\alpha}_3$ 的混合积，其绝对值则等于以 $\boldsymbol{\alpha}_1$，$\boldsymbol{\alpha}_2$，$\boldsymbol{\alpha}_3$ 为棱的平行六面体的体积，因此三向量线性相关的几何意义是三向量共平面.

准则 6 m 个 n 维的列向量($m>n$)构成的向量组线性相关.

准则 7 若 $\boldsymbol{\alpha}_1$，$\boldsymbol{\alpha}_2$，…，$\boldsymbol{\alpha}_n$ 线性相关，则 $\boldsymbol{\alpha}_1$，$\boldsymbol{\alpha}_2$，…，$\boldsymbol{\alpha}_n$，$\boldsymbol{\alpha}_{n+1}$ 线性相关.

证 因 $\boldsymbol{\alpha}_1$，$\boldsymbol{\alpha}_2$，…，$\boldsymbol{\alpha}_n$ 线性相关，有不全为零的数 k_1，k_2，…，k_n，使

$$k_1\boldsymbol{\alpha}_1+k_2\boldsymbol{\alpha}_2+\cdots+k_n\boldsymbol{\alpha}_n=\boldsymbol{0}.$$

于是，有不全为零的数 k_1，k_2，…，k_n，0，使

$$k_1\boldsymbol{\alpha}_1+k_2\boldsymbol{\alpha}_2+\cdots+k_n\boldsymbol{\alpha}_n+0\boldsymbol{\alpha}_{n+1}=\mathbf{0}.$$

这说明 $\boldsymbol{\alpha}_1$，$\boldsymbol{\alpha}_2$，…，$\boldsymbol{\alpha}_n$，$\boldsymbol{\alpha}_{n+1}$ 线性相关

准则 7 可推广成：线性相关的向量组增加若干个同维向量后仍然线性相关．其逆否命题：线性无关向量组的部分组必定线性无关.

准则 8 若向量组 $\boldsymbol{\alpha}_1=\begin{pmatrix}a_{11}\\ \vdots\\ a_{n1}\end{pmatrix}$，…，$\boldsymbol{\alpha}_s=\begin{pmatrix}a_{1s}\\ \vdots\\ a_{ns}\end{pmatrix}$ 线性无关，b_1，b_2，…，b_s 是数，则向量组

$$\boldsymbol{\beta}_1=\begin{pmatrix}a_{11}\\ \vdots\\ a_{n1}\\ b_1\end{pmatrix},\ \cdots,\ \boldsymbol{\beta}_s=\begin{pmatrix}a_{1s}\\ \vdots\\ a_{ns}\\ b_s\end{pmatrix}$$

也线性无关.

证 $x_1\boldsymbol{\beta}_1+\cdots+x_s\boldsymbol{\beta}_s=\mathbf{0}$ 与 $x_1\boldsymbol{\alpha}_1+\cdots+x_s\boldsymbol{\alpha}_s=\mathbf{0}$ 的不同之处仅仅是多一个方程 $x_1b_1+\cdots+x_sb_s=0$，因 $\boldsymbol{\alpha}_1$，…，$\boldsymbol{\alpha}_s$ 线性无关，故后者只有零解. 因此前者也只有零解，表明 $\boldsymbol{\beta}_1$，…，$\boldsymbol{\beta}_s$ 线性无关.

准则 8 可推广成：线性无关向量组的每个向量“同位拉长”(即在相同位置增添相同个数分量得到较高维向量组) 后仍线性无关．其逆否命题：线性相关向量组各向量“同位截短” 后仍线性相关.

准则 9 向量组 $\boldsymbol{\alpha}_1$，$\boldsymbol{\alpha}_2$，…，$\boldsymbol{\alpha}_s\,(s\geqslant 2)$ 线性相关的充要条件是：$\boldsymbol{\alpha}_1$，$\boldsymbol{\alpha}_2$，…，$\boldsymbol{\alpha}_s$ 中(至少) 有某个向量能由其余 $s-1$ 个向量线性表示.

证 必要性．设 $\boldsymbol{\alpha}_1$，$\boldsymbol{\alpha}_2$，…，$\boldsymbol{\alpha}_s$ 线性相关，则有不全为零的数 k_1，k_2，…，k_s，使

$$k_1\boldsymbol{\alpha}_1+k_2\boldsymbol{\alpha}_2+\cdots+k_s\boldsymbol{\alpha}_s=\mathbf{0},$$

若 $k_1\neq 0$，则可解出 $\boldsymbol{\alpha}_1=\left(-\dfrac{k_2}{k_1}\right)\boldsymbol{\alpha}_2+\cdots+\left(-\dfrac{k_s}{k_1}\right)\boldsymbol{\alpha}_s$.

同理，若 $k_i\neq 0\,(1\leqslant i\leqslant s)$，则可解出 $\boldsymbol{\alpha}_i$ 可由其余 $s-1$ 个向量线性表示.

充分性．设向量组中某个向量能由其余 $s-1$ 个向量线性表示，不妨设 $\boldsymbol{\alpha}_s$ 可由 $\boldsymbol{\alpha}_1$，$\boldsymbol{\alpha}_2$，…，$\boldsymbol{\alpha}_{s-1}$ 线性表示，即有 l_1，l_2，…，l_{s-1}，使 $\boldsymbol{\alpha}_s=l_1\boldsymbol{\alpha}_1+l_2\boldsymbol{\alpha}_2+\cdots+l_{s-1}\boldsymbol{\alpha}_{s-1}$，则数 l_1，l_2，…，l_{s-1}，-1 不全为零，使

$$l_1\boldsymbol{\alpha}_1+\cdots+l_{s-1}\boldsymbol{\alpha}_{s-1}(-1)\boldsymbol{\alpha}_s=\mathbf{0}.$$

这表明 $\boldsymbol{\alpha}_1$，$\boldsymbol{\alpha}_2$，…，$\boldsymbol{\alpha}_s$ 线性相关.

准则 9 揭示了线性相关与线性表示这两个概念之间的深刻联系. 值得注意的是，向量组线性相关并不意味着组内任一向量都能由其余向量线性表示，而只能保证组内至少有某一向量能由其余向量线性表示.

准则 10 若向量组 $\boldsymbol{\alpha}_1$，$\boldsymbol{\alpha}_2$，…，$\boldsymbol{\alpha}_s$ 线性相关，向量组 $\boldsymbol{\beta}_1$，$\boldsymbol{\beta}_2$，…，$\boldsymbol{\beta}_s$ 可由向量

组 $\boldsymbol{\alpha}_1$，$\boldsymbol{\alpha}_2$，…，$\boldsymbol{\alpha}_s$ 线性表示，则向量组 $\boldsymbol{\beta}_1$，$\boldsymbol{\beta}_2$，…，$\boldsymbol{\beta}_s$ 也线性相关.

读者自证.

定理 1(唯一表示定理)　若向量组 $\boldsymbol{\alpha}_1$，$\boldsymbol{\alpha}_2$，…，$\boldsymbol{\alpha}_s$ 线性无关，而向量组 $\boldsymbol{\alpha}_1$，$\boldsymbol{\alpha}_2$，…，$\boldsymbol{\alpha}_s$，$\boldsymbol{\beta}$ 线性相关，则 $\boldsymbol{\beta}$ 能由 $\boldsymbol{\alpha}_1$，$\boldsymbol{\alpha}_2$，…，$\boldsymbol{\alpha}_s$ 唯一的线性表示.

证　存在性. 若向量组 $\boldsymbol{\alpha}_1$，$\boldsymbol{\alpha}_2$，…，$\boldsymbol{\alpha}_s$，$\boldsymbol{\beta}$ 线性相关，则存在不全为零的数 k_1，k_2，…，k_s，k_0 使

$$k_1\boldsymbol{\alpha}_1+k_2\boldsymbol{\alpha}_2+\cdots+k_s\boldsymbol{\alpha}_s+k_0\boldsymbol{\beta}=\boldsymbol{0},$$

此式中若 $k_0=0$，则 k_1，k_2，…，k_s 不全为零，使

$$k_1\boldsymbol{\alpha}_1+k_2\boldsymbol{\alpha}_2+\cdots+k_s\boldsymbol{\alpha}_s=\boldsymbol{0},$$

这与定理的向量组 $\boldsymbol{\alpha}_1$，$\boldsymbol{\alpha}_2$，…，$\boldsymbol{\alpha}_s$ 线性相关的条件矛盾，所以 $k_0\neq 0$. 故

$$\boldsymbol{\beta}=\left(-\frac{k_1}{k_0}\right)\boldsymbol{\alpha}_1+\left(-\frac{k_2}{k_0}\right)\boldsymbol{\alpha}_2+\cdots+\left(-\frac{k_s}{k_0}\right)\boldsymbol{\alpha}_s.$$

再来证唯一性，假设

$\boldsymbol{\beta}=l_1\boldsymbol{\alpha}_1+l_2\boldsymbol{\alpha}_2+\cdots+l_s\boldsymbol{\alpha}_s$，$\boldsymbol{\beta}=\lambda_1\boldsymbol{\alpha}_1+\lambda_2\boldsymbol{\alpha}_2+\cdots+\lambda_s\boldsymbol{\alpha}_s l_i\neq\lambda_i(i=1，2\cdots，s)$，

两式相减得

$$(l_1-\lambda_1)\boldsymbol{\alpha}_1+(l_2-\lambda_2)\boldsymbol{\alpha}_2+\cdots+(l_s-\lambda_s)\boldsymbol{\alpha}_s=\boldsymbol{0},$$

再由 $\boldsymbol{\alpha}_1$，$\boldsymbol{\alpha}_2$，…，$\boldsymbol{\alpha}_s$ 线性无关，立即可得 $l_1=\lambda_1$，$l_2=\lambda_2$，…，$l_s=\lambda_s$，所以 $\boldsymbol{\beta}$ 能由 $\boldsymbol{\alpha}_1$，$\boldsymbol{\alpha}_2$，…，$\boldsymbol{\alpha}_s$ 唯一的线性表示.

例 7　设向量组 $\boldsymbol{\alpha}_1$，$\boldsymbol{\alpha}_2$，$\boldsymbol{\alpha}_3$ 线性相关，向量组 $\boldsymbol{\alpha}_2$，$\boldsymbol{\alpha}_3$，$\boldsymbol{\alpha}_4$ 线性无关，问

(1)$\boldsymbol{\alpha}_1$ 能否由 $\boldsymbol{\alpha}_2$，$\boldsymbol{\alpha}_3$ 线性表示？为什么？

(2)$\boldsymbol{\alpha}_4$ 能否由 $\boldsymbol{\alpha}_1$，$\boldsymbol{\alpha}_2$，$\boldsymbol{\alpha}_3$ 线性表示？为什么？

解　(1) 因 $\boldsymbol{\alpha}_2$，$\boldsymbol{\alpha}_3$，$\boldsymbol{\alpha}_4$ 线性无关，知 $\boldsymbol{\alpha}_2$，$\boldsymbol{\alpha}_3$ 线性无关(否则 $\boldsymbol{\alpha}_2$，$\boldsymbol{\alpha}_3$，$\boldsymbol{\alpha}_4$ 线性相关，矛盾)，又已知 $\boldsymbol{\alpha}_1$，$\boldsymbol{\alpha}_2$，$\boldsymbol{\alpha}_3$ 线性相关，所以根据准则，$\boldsymbol{\alpha}_1$ 能由 $\boldsymbol{\alpha}_2$，$\boldsymbol{\alpha}_3$ 线性表示(且表示系数只有一组).

(2) 根据(1) 可设 $\boldsymbol{\alpha}_1=l_1\boldsymbol{\alpha}_1+l_2\boldsymbol{\alpha}_2$，假设 $\boldsymbol{\alpha}_4$ 能由 $\boldsymbol{\alpha}_1$，$\boldsymbol{\alpha}_2$，$\boldsymbol{\alpha}_3$ 线性表示，$\boldsymbol{\alpha}_4=c_1\boldsymbol{\alpha}_1+c_2\boldsymbol{\alpha}_2+c_3\boldsymbol{\alpha}_3$. 将前式代入后式整理得 $\boldsymbol{\alpha}_4=(c_1k_2+c_2)\boldsymbol{\alpha}_2+(c_1k_3+c_3)\boldsymbol{\alpha}_3$. 此式表明，$\boldsymbol{\alpha}_4$ 能由 $\boldsymbol{\alpha}_2$，$\boldsymbol{\alpha}_3$ 线性表示. 则 $\boldsymbol{\alpha}_2$，$\boldsymbol{\alpha}_3$，$\boldsymbol{\alpha}_4$ 线性相关，与已知条件矛盾. 所以 $\boldsymbol{\alpha}_4$ 不能由 $\boldsymbol{\alpha}_1$，$\boldsymbol{\alpha}_2$，$\boldsymbol{\alpha}_3$ 线性表示.

例 8　判断下列向量组是否线性相关，为什么？

(1)$\boldsymbol{\alpha}_1=(-1，2，4)^{\mathrm{T}}$，$\boldsymbol{\alpha}_2=(2，-4，-8)^{\mathrm{T}}$；

(2)$\boldsymbol{\alpha}_1=(1，2，3)^{\mathrm{T}}$，$\boldsymbol{\alpha}_2=(2，4，6)^{\mathrm{T}}$，$\boldsymbol{\alpha}_3=(0，0，0)^{\mathrm{T}}$；

(3)$\boldsymbol{\alpha}_1=(1，2，1)^{\mathrm{T}}$，$\boldsymbol{\alpha}_2=(2，1，3)^{\mathrm{T}}$，$\boldsymbol{\alpha}_3=(1，0，1)^{\mathrm{T}}$；

(4)$\boldsymbol{\alpha}_1=(1，2，0)^{\mathrm{T}}$，$\boldsymbol{\alpha}_2=(2，1，0)^{\mathrm{T}}$，$\boldsymbol{\alpha}_3=(1，3，0)^{\mathrm{T}}$；

(5)$\boldsymbol{\alpha}_1=(1, 0, 0, 0)^{\mathrm{T}}$，$\boldsymbol{\alpha}_2=(2, 3, 0, 0)^{\mathrm{T}}$，$\boldsymbol{\alpha}_3=(1, 3, 5, 7)^{\mathrm{T}}$，$\boldsymbol{\alpha}_4=(1, 2, 3, 0)^{\mathrm{T}}$；

(6)$\boldsymbol{\alpha}_1=(2，0，0，0)^{\mathrm{T}}$，$\boldsymbol{\alpha}_2=(1，3，0，0)^{\mathrm{T}}$，$\boldsymbol{\alpha}_3=(1，-1，1，1)^{\mathrm{T}}$.

解 (1) 两向量成比例，所以线性相关；

(2) 向量组含有零向量，所以向量组线性相关；

(3) $|\boldsymbol{A}|=|\boldsymbol{\alpha}_1, \boldsymbol{\alpha}_2, \boldsymbol{\alpha}_3|\neq 0$，所以线性无关；

(4) $|\boldsymbol{A}|=|\boldsymbol{\alpha}_1, \boldsymbol{\alpha}_2, \boldsymbol{\alpha}_3|=0$，所以线性相关；

(5) $|\boldsymbol{A}|=|\boldsymbol{\alpha}_1, \boldsymbol{\alpha}_2, \boldsymbol{\alpha}_3, \boldsymbol{\alpha}_4|\neq 0$，所以线性相关；

(6) $R(\boldsymbol{A})=3$，向量组线性无关.

4.4 向量组的极大无关组和秩

1. 向量组的极大无关组和秩

我们知道，线性相关的向量组中至少有一个向量可由其余的向量线性表示，逐个去掉被表示的向量，直到得到一个线性无关的部分向量组. 归纳出这个部分向量组的特征，就得到向量组的极大无关组的概念.

例 1 在线性相关的向量组 $\boldsymbol{\alpha}_1=(1, 0, 0)^T$，$\boldsymbol{\alpha}_2=(0, 1, 0)^T$，$\boldsymbol{\alpha}_3=(1, 1, 0)^T$ 中，由表示式 $\boldsymbol{\alpha}_3=\boldsymbol{\alpha}_1+\boldsymbol{\alpha}_2$ 我们去掉 $\boldsymbol{\alpha}_3$ 得部分组 $\boldsymbol{\alpha}_1$，$\boldsymbol{\alpha}_2$，它满足：

(1) $\boldsymbol{\alpha}_1$，$\boldsymbol{\alpha}_2$ 线性无关；

(2) $\boldsymbol{\alpha}_1=1\boldsymbol{\alpha}_1+0\boldsymbol{\alpha}_2$，$\boldsymbol{\alpha}_2=0\boldsymbol{\alpha}_1+1\boldsymbol{\alpha}_2$，$\boldsymbol{\alpha}_3=\boldsymbol{\alpha}_1+\boldsymbol{\alpha}_2$，即原向量组中的任何一个向量都可由这个线性无关的部分组线性表示.

具有这样两条性质的部分组 $\boldsymbol{\alpha}_1$，$\boldsymbol{\alpha}_2$ 称为原向量组的一个极大线性无关组. 对于一般的向量组我们有

定义 4.6 设向量组 A，如果它的一个部分向量组 $\boldsymbol{\alpha}_1, \boldsymbol{\alpha}_2, \cdots, \boldsymbol{\alpha}_r$ 满足：

(1) $\boldsymbol{\alpha}_1, \boldsymbol{\alpha}_2, \cdots, \boldsymbol{\alpha}_r$ 线性无关；

(2) 向量组 A 中任意 $r+1$ 个向量(若 A 中有 $r+1$ 个向量的话) 都线性相关.

则称部分组 $\boldsymbol{\alpha}_1, \boldsymbol{\alpha}_2, \cdots, \boldsymbol{\alpha}_r$ 为向量组 A 的一个极大无关组.

定义中的条件(2) 也可表述为向量组 A 中任一向量均可由此部分组线性表示.

我们不难验证，例 1 中的向量组 $\boldsymbol{\alpha}_1$，$\boldsymbol{\alpha}_3$ 与 $\boldsymbol{\alpha}_2$，$\boldsymbol{\alpha}_3$ 也是该向量组的极大无关组. 由此可见，一个向量组的极大无关组不一定是唯一的，但是不同的极大无关组所含的向量的个数是相同的.

定义 4.7 向量组的极大无关组所含的向量的个数称为向量组的秩.

规定 只含零向量的向量组的秩为零.

下面我们看看矩阵的秩与向量组的秩之间的关系.

设矩阵 $\boldsymbol{A}=(a_{ij})_{m\times n}$ 称 $\boldsymbol{A}$ 的行向量组 $\boldsymbol{\alpha}_1, \boldsymbol{\alpha}_2, \cdots, \boldsymbol{\alpha}_m$ 的秩为矩阵 $\boldsymbol{A}$ 的行秩，$\boldsymbol{A}$ 的列向量组 $\boldsymbol{\beta}_1, \boldsymbol{\beta}_2\cdots, \boldsymbol{\beta}_n$ 的秩为矩阵 $\boldsymbol{A}$ 的列秩.

例如，对于矩阵 $\boldsymbol{A}=\begin{pmatrix}1&1&3&2\\0&1&-1&0\\0&0&0&0\end{pmatrix}$，$\boldsymbol{A}$ 的行向量组为 $\boldsymbol{\alpha}_1=(1,1,3,2)$，$\boldsymbol{\alpha}_2=(0,1,-1,0)$，$\boldsymbol{\alpha}_3=(0,0,0.0)$，它的行秩显然为 2，这是因为 $\boldsymbol{\alpha}_1$，$\boldsymbol{\alpha}_2$ 为 $\boldsymbol{A}$ 的行向量组的唯一一个极大无关组.

$\boldsymbol{A}$ 的列向量组为 $\boldsymbol{\beta}_1=(1,0,0)^{\mathrm{T}}$，$\boldsymbol{\beta}_2=(1,1,0)^{\mathrm{T}}$，$\boldsymbol{\beta}_3=(3,-1,0)^{\mathrm{T}}$，$\boldsymbol{\beta}_4=(2,0,0)^{\mathrm{T}}$，可以验证 $\boldsymbol{\beta}_1$，$\boldsymbol{\beta}_2$ 为列向量组的一个极大无关组，所以 $\boldsymbol{A}$ 的列向量组的秩也为 2.

显然矩阵的秩也为 2.

从这个例子可以看出，矩阵 $\boldsymbol{A}$ 的行秩、列秩和矩阵 $\boldsymbol{A}$ 的秩都相等.

定理 1　矩阵的秩等于其列向量组的秩，也等于其行向量组的秩.

证明　设 $\boldsymbol{A}=(\boldsymbol{\alpha}_1,\boldsymbol{\alpha}_2,\cdots,\boldsymbol{\alpha}_m)$，$R(\boldsymbol{A})=r$，并设 r 阶子式 $D_r\neq 0$，由 $D_r\neq 0$ 知 D_r 所在的 r 个列向量线性无关；又由 $\boldsymbol{A}$ 中所有 $r+1$ 阶子式全为零，知 $\boldsymbol{A}$ 中任意 $r+1$ 个列向量都线性相关. 因此 D_r 所在的 r 个列向量是 $\boldsymbol{A}$ 的列向量组的一个极大无关组，所以列向量组的秩等于 r.

类似可证矩阵 $\boldsymbol{A}$ 行向量组的秩也等于 $R(\boldsymbol{A})=r$.

例 2　求向量组 $\boldsymbol{\alpha}_1=(1,-2,1)^{\mathrm{T}}$，$\boldsymbol{\alpha}_2=(2,-4,2)^{\mathrm{T}}$，$\boldsymbol{\alpha}_3=(1,0,3)^{\mathrm{T}}$，$\boldsymbol{\alpha}_4=(0,-4,-4)^{\mathrm{T}}$ 的秩和它的一个极大无关组，并把其余向量用极大无关组线性表示.

解　对矩阵 $\boldsymbol{A}=(\boldsymbol{\alpha}_1,\boldsymbol{\alpha}_2,\boldsymbol{\alpha}_3,\boldsymbol{\alpha}_4)$ 作初等行变换

$$\boldsymbol{A}=\begin{pmatrix}1&2&1&0\\-2&-4&0&-4\\1&2&3&-4\end{pmatrix}\to\begin{pmatrix}1&2&1&0\\0&0&2&-4\\0&0&0&0\end{pmatrix}=\boldsymbol{B}\to\begin{pmatrix}1&2&0&2\\0&0&1&-2\\0&0&0&0\end{pmatrix}.$$

由定理 2 知 $R(\boldsymbol{A})=R(\boldsymbol{B})=2$，所以 $\boldsymbol{\alpha}_1$，$\boldsymbol{\alpha}_2$，$\boldsymbol{\alpha}_3$，$\boldsymbol{\alpha}_4$ 的秩为 2，所以 $\boldsymbol{\alpha}_1$，$\boldsymbol{\alpha}_2$，$\boldsymbol{\alpha}_3$，$\boldsymbol{\alpha}_4$ 线性相关，

又把 $\boldsymbol{B}=(\boldsymbol{\beta}_1,\boldsymbol{\beta}_2,\boldsymbol{\beta}_3,\boldsymbol{\beta}_4)$，易见 $\boldsymbol{\beta}_1$，$\boldsymbol{\beta}_3$ 是 $\boldsymbol{B}$ 的列向量组的一个极大无关组，它是矩阵 $\boldsymbol{A}$ 中的 $\boldsymbol{\alpha}_1$，$\boldsymbol{\alpha}_3$ 经过初等变换得到的，所以 $\boldsymbol{\alpha}_1$，$\boldsymbol{\alpha}_3$ 是 $\boldsymbol{A}$ 的列向量组的一个极大无关组.

为了便于线性表示，将矩阵 $\boldsymbol{B}$ 继续化为行最简形矩阵，可见

$$\boldsymbol{\alpha}_2=2\boldsymbol{\alpha}_1+0\boldsymbol{\alpha}_3,\quad \boldsymbol{\alpha}_4=2\boldsymbol{\alpha}_1-2\boldsymbol{\alpha}_3.$$

归纳求向量组的秩和极大无关组，并求其余向量线性表示式的方法如下.

(1) 将所给列向量组依次序拼成矩阵 $\boldsymbol{A}$，或将所给行向量组依次转置后拼成矩阵 $\boldsymbol{A}$.

(2) 对 $\boldsymbol{A}$ 作初等行变换，直至把 $\boldsymbol{A}$ 变成行最简形 $\hat{\boldsymbol{A}}$（若不要求线性表示，可以到阶梯阵为止）.

(3) 根据行最简形或阶梯阵非零首元的列号，找出原向量组的一个极大无关组，同时也得出了原向量组的秩.

(4) 根据行最简形其余列向量的元素，写出其余向量的线性表示式.

概括成四句话，就是：行转列照拼，细心行变换；变成行最简，得到秩极表.

例 3 设向量组$\boldsymbol{\alpha}_1=(1,1,1,3)^{\mathrm{T}}$，$\boldsymbol{\alpha}_2=(-1,-3,5,1)^{\mathrm{T}}$，$\boldsymbol{\alpha}_3=(3,2,-1,p+2)^{\mathrm{T}}$，$\boldsymbol{\alpha}_4=(-2,-6,10,p)^{\mathrm{T}}$，试问：

(1) 当 p 为何值时，该向量组线性无关？

(2) 当 p 为何值时，该向量组线性相关？并在此时求出它的秩和一个极大线性无关组.

解 对矩阵 $\boldsymbol{A}=(\boldsymbol{\alpha}_1,\boldsymbol{\alpha}_2,\boldsymbol{\alpha}_3,\boldsymbol{\alpha}_4)$ 作初等行变换

$$\boldsymbol{A}=\begin{pmatrix}1&-1&3&-2\\1&-3&2&-6\\1&5&-1&10\\3&1&p+2&p\end{pmatrix}\rightarrow\begin{pmatrix}1&-1&3&-2\\0&-2&-1&-4\\0&0&-7&0\\0&0&0&p-2\end{pmatrix},$$

(1) 当 $p\neq 2$ 时，$R(\boldsymbol{A})=4$，所以向量组 $\boldsymbol{\alpha}_1$，$\boldsymbol{\alpha}_2$，$\boldsymbol{\alpha}_3$，$\boldsymbol{\alpha}_4$ 线性无关.

(2) 当 $p=2$ 时，$R(\boldsymbol{A})=3$，所以向量组 $\boldsymbol{\alpha}_1$，$\boldsymbol{\alpha}_2$，$\boldsymbol{\alpha}_3$，$\boldsymbol{\alpha}_4$ 线性相关，此时 $\boldsymbol{\alpha}_1$，$\boldsymbol{\alpha}_2$，$\boldsymbol{\alpha}_3$ 为其一个极大线性无关组.

2. 两个向量组之间的关系

定义 4.8 设有两个 n 维向量组 A：$\boldsymbol{\alpha}_1$，$\boldsymbol{\alpha}_2$，…，$\boldsymbol{\alpha}_m$ 和 B：$\boldsymbol{\beta}_1$，$\boldsymbol{\beta}_2$…，$\boldsymbol{\beta}_l$，如果向量组 A 中的每个向量都能由向量组 B 线性表示，则称向量组 A 能由向量组 B 线性表示. 如果向量组 A 与 B 能互相线性表示，则称向量组 A 与向量组 B 等价.

显然，一个向量组的极大无关组与向量组本身等价.

例如，把向量组 A 和 B 所构成的矩阵依次记作 $\boldsymbol{A}=(\boldsymbol{\alpha}_1,\boldsymbol{\alpha}_2,\cdots,\boldsymbol{\alpha}_m)$ 和 $\boldsymbol{B}=(\boldsymbol{\beta}_1,\boldsymbol{\beta}_2\cdots,\boldsymbol{\beta}_l)$，$B$ 组能由 A 组线性表示，即对每一个向量 $\boldsymbol{\beta}_j\ (j=1,2,\cdots,l)$ 存在数 k_{1j}, k_{2j}，…，k_{mj}，使

$$\boldsymbol{\beta}_j=k_{1j}\boldsymbol{\alpha}_1+k_{2j}\boldsymbol{\alpha}_2+\cdots+k_{mj}\boldsymbol{\alpha}_m=(\boldsymbol{\alpha}_1,\boldsymbol{\alpha}_2,\cdots,\boldsymbol{\alpha}_m)\begin{pmatrix}k_{1j}\\k_{2j}\\\vdots\\k_{mj}\end{pmatrix},$$

从而

$$(\boldsymbol{\beta}_1,\boldsymbol{\beta}_2\cdots,\boldsymbol{\beta}_l)=(\boldsymbol{\alpha}_1,\boldsymbol{\alpha}_2,\cdots,\boldsymbol{\alpha}_m)\begin{pmatrix}k_{11}&k_{12}&\cdots&k_{1l}\\k_{21}&k_{22}&\cdots&k_{2l}\\\vdots&\vdots&&\vdots\\k_{m1}&k_{m2}&\cdots&k_{ml}\end{pmatrix}.$$

这里，矩阵 $\boldsymbol{K}_{m\times l}=(k_{ij})$ 称为这一线性表示的系数矩阵.

由等价的定义不难证明，向量组之间的等价关系具有以下性质：

(1) **反身性**：每一个向量组都与自身等价；

(2) **对称性**：若向量组 A 与向量组 B 等价，则向量组 B 与向量组 A 也等价；

(3) **传递性**：设有三个向量组 A，B，C，若向量组 A 与向量组 B 等价，向量组 B 与向量组 C 等价，则向量组 A 与向量组 C 等价.

定理2　设有两个 n 维向量组 A：$\boldsymbol{\alpha}_1$，$\boldsymbol{\alpha}_2$，…，$\boldsymbol{\alpha}_r$；B：$\boldsymbol{\beta}_1$，$\boldsymbol{\beta}_2$…，$\boldsymbol{\beta}_s$，如果向量组 A 线性无关，且向量组 A 可由向量组 B 线性表示，则 $r\leqslant s$.

证　向量组 A 可由向量组 B 线性表示，故有

$$k_{ij}\ (i=1,\ 2,\ \cdots,\ s;\ j=1,\ 2,\ \cdots,\ r),$$

使

$$(\boldsymbol{\alpha}_1,\ \boldsymbol{\alpha}_2,\ \cdots,\ \boldsymbol{\alpha}_r)=(\boldsymbol{\beta}_1,\ \boldsymbol{\beta}_2,\ \cdots,\ \boldsymbol{\beta}_s)\begin{pmatrix} k_{11} & k_{12} & \cdots & k_{1r} \\ k_{21} & k_{22} & \cdots & k_{2r} \\ \vdots & \vdots & & \vdots \\ k_{s1} & k_{s2} & \cdots & k_{sr} \end{pmatrix}.$$

若 $r>s$，则$(k_{ij})s\times r$ 的列向量组线性相关，于是存在不全为零的数 l_1，l_2，…，l_r，使

$$\begin{pmatrix} k_{11} & k_{12} & \cdots & k_{1r} \\ k_{21} & k_{22} & \cdots & k_{2r} \\ \vdots & \vdots & & \vdots \\ k_{s1} & k_{s2} & \cdots & k_{sr} \end{pmatrix}\begin{pmatrix} l_1 \\ l_2 \\ \vdots \\ l_r \end{pmatrix}=\begin{pmatrix} 0 \\ 0 \\ \vdots \\ 0 \end{pmatrix},$$

故

$$(\boldsymbol{\alpha}_1,\ \boldsymbol{\alpha}_2,\ \cdots,\ \boldsymbol{\alpha}_r)\begin{pmatrix} l_1 \\ l_2 \\ \vdots \\ l_r \end{pmatrix}=(\boldsymbol{\beta}_1,\ \boldsymbol{\beta}_2,\ \cdots,\ \boldsymbol{\beta}_s)\begin{pmatrix} k_{11} & k_{12} & \cdots & k_{1r} \\ k_{21} & k_{22} & \cdots & k_{2r} \\ \vdots & \vdots & & \vdots \\ k_{s1} & k_{s2} & \cdots & k_{sr} \end{pmatrix}\begin{pmatrix} l_1 \\ l_2 \\ \vdots \\ l_r \end{pmatrix}=\begin{pmatrix} 0 \\ 0 \\ \vdots \\ 0 \end{pmatrix}.$$

这与 $\boldsymbol{\alpha}_1$，$\boldsymbol{\alpha}_2$，…，$\boldsymbol{\alpha}_r$ 线性无关矛盾，所以 $r\leqslant s$.

推论1　若向量组 A 可由向量组 B 线性表示，则 $R(A)\leqslant R(B)$；特别的若向量组 A 与向量组 B 等价，则 $R(A)=R(B)$.

证　设向量组 A 和向量组 B 的极大无关组分别是 $\boldsymbol{\alpha}_1$，$\boldsymbol{\alpha}_2$，…，$\boldsymbol{\alpha}_s$ 与 $\boldsymbol{\beta}_1$，$\boldsymbol{\beta}_2$…，$\boldsymbol{\beta}_t$，显然 $\boldsymbol{\alpha}_1$，$\boldsymbol{\alpha}_2$，…，$\boldsymbol{\alpha}_s$ 可由 $\boldsymbol{\beta}_1$，$\boldsymbol{\beta}_2$…，$\boldsymbol{\beta}_t$ 线性表示，如 $s>t$，则 $\boldsymbol{\alpha}_1$，$\boldsymbol{\alpha}_2$，…，$\boldsymbol{\alpha}_s$ 线性相关，与 $\boldsymbol{\alpha}_1$，$\boldsymbol{\alpha}_2$，…，$\boldsymbol{\alpha}_s$ 是极大无关组矛盾，所以 $s\leqslant t$，即 $R(A)\leqslant R(B)$.

若向量组 A 与向量组 B 等价，反之可证 $R(B)\leqslant R(A)$，所以 $R(A)=R(B)$.

推论2　如果向量组 $\boldsymbol{\alpha}_1$，$\boldsymbol{\alpha}_2$，…，$\boldsymbol{\alpha}_r$ 可以由向量组 $\boldsymbol{\beta}_1$，$\boldsymbol{\beta}_2$…，$\boldsymbol{\beta}_s$ 线性表示，而且 $r>s$，那么 $\boldsymbol{\alpha}_1$，$\boldsymbol{\alpha}_2$，…，$\boldsymbol{\alpha}_r$ 必定线性相关.

由于一个向量组的两个极大无关组是等价的，因此有

推论 3 一个向量组的两个极大无关组所含向量的个数相等.

即任何一个向量组的秩是唯一确定的.

例 4 设向量组 $\boldsymbol{\alpha}_1, \boldsymbol{\alpha}_2, \cdots, \boldsymbol{\alpha}_r$ 与向量组 $\boldsymbol{\beta}_1, \boldsymbol{\beta}_2 \cdots, \boldsymbol{\beta}_s$ 的秩相等，且 $\boldsymbol{\alpha}_1, \boldsymbol{\alpha}_2, \cdots, \boldsymbol{\alpha}_r$ 可由向量组 $\boldsymbol{\beta}_1, \boldsymbol{\beta}_2 \cdots, \boldsymbol{\beta}_s$ 线性表示，证明这两个向量组等价.

证 设向量组 $\boldsymbol{\alpha}_1, \boldsymbol{\alpha}_2, \cdots, \boldsymbol{\alpha}_r$ 为 A，极大无关组记为 A_1：$\boldsymbol{\alpha}_1, \boldsymbol{\alpha}_2, \cdots, \boldsymbol{\alpha}_t$，向量组 $\boldsymbol{\beta}_1, \boldsymbol{\beta}_2 \cdots, \boldsymbol{\beta}_s$ 记为 B.

极大无关组记为 B_1：$\boldsymbol{\beta}_1, \boldsymbol{\beta}_2 \cdots, \boldsymbol{\beta}_t$，由于已知向量组 A 可由向量组 B 线性表示，所以只需证向量组 B 可由向量组 A 线性表示.

向量组 A 可由向量组 A_1 线性表示，向量组 B 可由向量组 B_1 线性表示，则向量组 A_1 可由向量组 B_1 线性表示，则向量组 $\boldsymbol{\alpha}_1, \boldsymbol{\alpha}_2, \cdots, \boldsymbol{\alpha}_t, \boldsymbol{\beta}_1, \boldsymbol{\beta}_2 \cdots, \boldsymbol{\beta}_s$ 的秩为 t.

又因为 $\boldsymbol{\alpha}_1, \boldsymbol{\alpha}_2, \cdots, \boldsymbol{\alpha}_t$ 线性无关，所以向量组的极大无关组为 $\boldsymbol{\alpha}_1, \boldsymbol{\alpha}_2, \cdots, \boldsymbol{\alpha}_t$，即 $\boldsymbol{\beta}_1, \boldsymbol{\beta}_2 \cdots, \boldsymbol{\beta}_s$ 能由 $\boldsymbol{\alpha}_1, \boldsymbol{\alpha}_2, \cdots, \boldsymbol{\alpha}_t$ 线性表示，所以向量组 B_1 可由向量组 A_1 线性表示，即向量组 B 可由向量组 A 线性表示，故两个向量组等价.

4.5 向量空间及向量空间的基、维数、坐标

前面把 n 维向量的全体所构成的集合 $\mathbf{R}^n$ 称为 n 维向量空间. 本节介绍向量空间的一般概念.

定义 4.9 设 V 为 n 维向量的集合，若 V 非空，且对于加法及数乘两种运算封闭，即：$\forall \boldsymbol{\alpha}, \boldsymbol{\beta} \in V$，$\forall \lambda \in \mathbf{R}$，有 $\boldsymbol{\alpha}+\boldsymbol{\beta} \in V$，$\lambda\boldsymbol{\alpha} \in V$，则称 V 为向量空间.

定义 4.6 设有向量空间 V_1，V_2，若 $V_1 \subset V_2$，就称 V_1 是 V_2 的子空间.

显然，$\mathbf{R}^n$ 是一个向量空间.

例 1 集合 $V=\{\boldsymbol{\alpha}=(0, x_2, \cdots, x_n) \mid x_2, \cdots, x_n \in \mathbf{R}\}$ 是一个向量空间.

因为，当 $\boldsymbol{\alpha}=(0, a_2, \cdots, a_n) \in V$，$\boldsymbol{\beta}=(0, b_2, \cdots, b_n) \in V$，则

$$\boldsymbol{\alpha}+\boldsymbol{\beta}=(0, a_2+b_2, \cdots, a_n+b_n) \in V, \quad k\boldsymbol{\alpha}=k(0, a_2, \cdots, a_n) \in V.$$

例 2 集合 $V=\{\alpha=(x_1, x_2, \cdots, x_{n-1}, 2)^{\mathrm{T}} \mid x_1, x_2, \cdots, x_{n-1} \in \mathbf{R}\}$ 不是一个向量空间.

因为，当 $\boldsymbol{\alpha}=(y_1, y_2, \cdots, y_{n-1}, 2)^{\mathrm{T}} \in V$，$\boldsymbol{\beta}=(z_1, z_2, \cdots, z_{n-1}, 2)^{\mathrm{T}} \in V$，则

$$\boldsymbol{\alpha}+\boldsymbol{\beta}=(y_1+z_1, y_2+z_2, \cdots, y_{n-1}+z_{n-1}, 4)^{\mathrm{T}} \notin V.$$

例 3 设向量组 $\boldsymbol{\alpha}_1, \boldsymbol{\alpha}_2, \cdots, \boldsymbol{\alpha}_m$ 与向量组 $\boldsymbol{\beta}_1, \boldsymbol{\beta}_2 \cdots, \boldsymbol{\beta}_s$ 等价，记

$V_1=\{\boldsymbol{\alpha}=\lambda_1\boldsymbol{\alpha}_1+\cdots+\lambda_m\boldsymbol{\alpha}_m \mid \lambda_1, \cdots, \lambda_m \in \mathbf{R}\}$，$V_2=\{\boldsymbol{\beta}=\lambda_1\boldsymbol{\beta}_1+\cdots+\lambda_m\boldsymbol{\beta}_m \mid \lambda_1, \cdots, \lambda_m \in \mathbf{R}\}$，

试证 $V_1=V_2$.

证　设 $\boldsymbol{\alpha}\in V_1$，则 $\boldsymbol{\alpha}$ 可由向量组 $\boldsymbol{\alpha}_1$，$\boldsymbol{\alpha}_2$，…，$\boldsymbol{\alpha}_m$ 线性表示，因为向量组 $\boldsymbol{\alpha}_1$，$\boldsymbol{\alpha}_2$，…，$\boldsymbol{\alpha}_m$ 可由向量组 $\boldsymbol{\beta}_1$，$\boldsymbol{\beta}_2$…，$\boldsymbol{\beta}_s$ 线性表示，故 $\boldsymbol{\alpha}$ 可由向量组 $\boldsymbol{\beta}_1$，$\boldsymbol{\beta}_2$…，$\boldsymbol{\beta}_s$ 线性表示，所以 $\boldsymbol{\alpha}\in V_2$，因此 $V_1\subset V_2$.

类似可证：若 $\boldsymbol{\beta}\in V_2$，则 $\boldsymbol{\beta}\in V_1$，因此 $V_2\subset V_1$，综上 $V_1=V_2$.

定义 4.10　设 V 是一个向量空间，$\boldsymbol{\alpha}_1$，$\boldsymbol{\alpha}_2$，…，$\boldsymbol{\alpha}_r$ 是 V 的一个线性无关向量组，且 V 中的任一向量都可由 $\boldsymbol{\alpha}_1$，$\boldsymbol{\alpha}_2$，…，$\boldsymbol{\alpha}_r$ 线性表示，则称 $\boldsymbol{\alpha}_1$，$\boldsymbol{\alpha}_2$，…，$\boldsymbol{\alpha}_r$ 是向量空间的一组基或基底.

向量空间 V 的任何两个基都是等价的(且各自线性无关)，因此含有相同个数的向量. V 的一个基中所含向量的个数，称为 V 的维数，记为维(V)或 dimV. $\{\mathbf{0}\}$ 没有基，规定维 $\{\mathbf{0}\}=0$.

显然，向量空间作为一个向量集合，基是它的极大线性无关组，而维数是它的秩.

有了基和维数以后，向量空间的任一向量就可以由这组基线性表示，而且表示系数唯一，这样在向量空间就可以建立坐标的概念.

定义 4.11　设 $\boldsymbol{\alpha}_1$，$\boldsymbol{\alpha}_2$，…，$\boldsymbol{\alpha}_r$ 是向量空间的一组基，$\boldsymbol{\alpha}\in V$，且有

$$\boldsymbol{\alpha}=x_1\boldsymbol{\alpha}_1+x_2\boldsymbol{\alpha}_2+\cdots+x_r\boldsymbol{\alpha}_r,$$

则有序数组 x_1，x_2，…，x_r 为 $\boldsymbol{\alpha}$ 在基 $\boldsymbol{\alpha}_1$，$\boldsymbol{\alpha}_2$，…，$\boldsymbol{\alpha}_r$ 下的坐标，记为 $(x_1, x_2, \cdots, x_r)$.

注意：基是有序的，若基中的向量次序改变，则应视为另一个基，这时向量的坐标也相应改变.

例如，在 $\mathbf{R}^n$ 中的基本向量组 $\boldsymbol{e}_1$，$\boldsymbol{e}_2$，…，$\boldsymbol{e}_n$ 是线性无关的，且 $\forall\boldsymbol{\alpha}\in\mathbf{R}^n$，有

$$\boldsymbol{\alpha}=(a_1, a_2, \cdots, a_n)^{\mathrm{T}}=a_1\boldsymbol{e}_1+a_2\boldsymbol{e}_2+\cdots+a_n\boldsymbol{e}_n,$$

所以 $\boldsymbol{e}_1$，$\boldsymbol{e}_2$，…，$\boldsymbol{e}_n$ 是 $\mathbf{R}^n$ 的一个基，维 $(\mathbf{R}^n)=\boldsymbol{n}$，而且任一向量 $\boldsymbol{\alpha}$ 在基 $\boldsymbol{e}_1$，$\boldsymbol{e}_2$，…，$\boldsymbol{e}_n$ 下的坐标就是 $\boldsymbol{\alpha}$ 本身. 因此，称 $\boldsymbol{e}_1$，$\boldsymbol{e}_2$，…，$\boldsymbol{e}_n$ 为 $\mathbf{R}^n$ 的自然基.

例 4　设 $A=(\boldsymbol{\alpha}_1, \boldsymbol{\alpha}_2, \boldsymbol{\alpha}_3)=\begin{pmatrix}1&3&4\\3&7&9\\2&4&5\\2&6&8\end{pmatrix}$，求由向量组 $\boldsymbol{\alpha}_1$，$\boldsymbol{\alpha}_2$，$\boldsymbol{\alpha}_3$ 所生成的向量空间的基和维数，并将 $\boldsymbol{\alpha}_1$，$\boldsymbol{\alpha}_2$，$\boldsymbol{\alpha}_3$ 中的非基向量用这个基线性表示.

解　由于 $\boldsymbol{A}=\begin{pmatrix}1&3&4\\3&7&9\\2&4&5\\2&6&8\end{pmatrix}\xrightarrow{r}\begin{pmatrix}1&0&-\frac{1}{2}\\0&1&\frac{3}{2}\\0&0&0\\0&0&0\end{pmatrix}$，所以 $\boldsymbol{\alpha}_1$，$\boldsymbol{\alpha}_2$，$\boldsymbol{\alpha}_3$ 所生成的向量空间

的维数是 2，$\boldsymbol{\alpha}_1$，$\boldsymbol{\alpha}_2$ 是这个向量空间的一个基，且有 $\boldsymbol{\alpha}_3=-\dfrac{1}{2}\boldsymbol{\alpha}_1+\dfrac{3}{2}\boldsymbol{\alpha}_2$.

定义 4.12 设 $\boldsymbol{\alpha}_1$，$\boldsymbol{\alpha}_2$，…，$\boldsymbol{\alpha}_n$ 及 $\boldsymbol{\beta}_1$，$\boldsymbol{\beta}_2$，…，$\boldsymbol{\beta}_n$ 都是 $\mathbf{R}^n$ 的基，两个基之间有关系式

$$\begin{cases}\boldsymbol{\beta}_1=c_{11}\boldsymbol{\alpha}_1+c_{21}\boldsymbol{\alpha}_2+\cdots+c_{n1}\boldsymbol{\alpha}_n,\\ \boldsymbol{\beta}_2=c_{21}\boldsymbol{\alpha}_1+c_{22}\boldsymbol{\alpha}_2+\cdots+c_{n2}\boldsymbol{\alpha}_n,\\ \qquad\qquad\vdots\\ \boldsymbol{\beta}_3=c_{11}\boldsymbol{\alpha}_1+c_{2n}\boldsymbol{\alpha}_2+\cdots+c_{nn}\boldsymbol{\alpha}_n,\end{cases}$$

此式写为矩阵形式为

$$(\boldsymbol{\beta}_1,\ \boldsymbol{\beta}_2,\ \cdots,\ \boldsymbol{\beta}_n)=(\boldsymbol{\alpha}_1,\ \boldsymbol{\alpha}_2,\ \cdots,\ \boldsymbol{\alpha}_n)\boldsymbol{C},\ \text{其中}\ \boldsymbol{C}=\begin{pmatrix}c_{11}&c_{12}&\cdots&c_{1n}\\ c_{21}&c_{22}&\cdots&c_{2n}\\ \vdots&\vdots&&\vdots\\ c_{n1}&c_{n2}&\cdots&c_{nn}\end{pmatrix},$$

称为从基 $\boldsymbol{\alpha}_1$，$\boldsymbol{\alpha}_2$，…，$\boldsymbol{\alpha}_n$ 到基 $\boldsymbol{\beta}_1$，$\boldsymbol{\beta}_2$，…，$\boldsymbol{\beta}_n$ 的过渡矩阵.

可以注意到，过渡矩阵 $\boldsymbol{C}$ 的第 k 列 $\boldsymbol{C}_k$ 就是 $\boldsymbol{\beta}_k$ 在基 $\boldsymbol{\alpha}_1$，$\boldsymbol{\alpha}_2$，…，$\boldsymbol{\alpha}_n$ 下的坐标，而且过渡矩阵是可逆的.

实事上，若 $\boldsymbol{C}$ 不可逆，则有 $k\in\mathbf{R}^n$，$k\neq0$，使 $\boldsymbol{C}k=\boldsymbol{O}$，则有

$$(\boldsymbol{\beta}_1,\ \boldsymbol{\beta}_2,\ \cdots,\ \boldsymbol{\beta}_n)k=(\boldsymbol{\alpha}_1,\ \boldsymbol{\alpha}_2,\ \cdots,\ \boldsymbol{\alpha}_n)\boldsymbol{C}k=\mathbf{0},$$

即，有不全为零的常数 k_1，k_2，…，k_n 使

$$k_1\boldsymbol{\beta}_1+k_2\boldsymbol{\beta}_2+\cdots+k_n\boldsymbol{\beta}_n=\mathbf{0},$$

这与 $\boldsymbol{\beta}_1$，$\boldsymbol{\beta}_2$，…，$\boldsymbol{\beta}_n$ 的线性无关相矛盾，所以 $\boldsymbol{C}$ 可逆.

例 5 设 $\mathbf{R}^3$ 中的两个基

A：$\boldsymbol{\alpha}_1=(1,\ 0,\ 1)^{\mathrm{T}}$，$\boldsymbol{\alpha}_2=(1,\ 1,\ -1)^{\mathrm{T}}$，$\boldsymbol{\alpha}_3=(0,\ 1,\ 0)^{\mathrm{T}}$，

B：$\boldsymbol{\beta}_1=(1,\ -2,\ 1)^{\mathrm{T}}$，$\boldsymbol{\beta}_2=(1,\ 2,\ -1)^{\mathrm{T}}$，$\boldsymbol{\beta}_3=(0,\ 1,\ -2)^{\mathrm{T}}$，

求 A 到 B 的过渡矩阵，并求向量 $\xi=3\boldsymbol{\beta}_1+2\boldsymbol{\beta}_3$ 在基 A 下的坐标及在自然基下的坐标.

解 设 A 到 B 的过渡矩阵为 $\boldsymbol{C}$，并记 $\boldsymbol{A}=(\boldsymbol{\alpha}_1,\ \boldsymbol{\alpha}_2,\ \boldsymbol{\alpha}_3)$，$\boldsymbol{B}=(\boldsymbol{\beta}_1,\ \boldsymbol{\beta}_2,\ \boldsymbol{\beta}_3)$，由 $\boldsymbol{B}=\boldsymbol{AC}$，于是计算得到

$$\boldsymbol{C}=\boldsymbol{A}^{-1}\boldsymbol{B},\ (\boldsymbol{A}\mid\boldsymbol{B})=\left(\begin{array}{ccc|ccc}1&1&0&1&1&0\\0&1&1&-2&2&1\\1&-1&0&1&-1&-2\end{array}\right)\to\left(\begin{array}{ccc|ccc}1&0&0&1&0&-1\\0&1&0&0&1&1\\0&0&1&-2&1&0\end{array}\right),$$

所以，$\boldsymbol{C}=\begin{pmatrix}1&0&-1\\0&1&1\\-2&1&0\end{pmatrix}$.

由已知 $\xi=\begin{pmatrix}3\\-4\\-1\end{pmatrix}$，设 ξ 在基 A 下的坐标 $\boldsymbol{X}$，有 $\xi=\boldsymbol{AX}$，$\boldsymbol{X}=\boldsymbol{A}^{-1}\xi=\begin{pmatrix}1\\2\\-6\end{pmatrix}$，所以，$\xi$ 在基 A 下的坐标为 $(1, 2, -6)$，ξ 在自然基下的坐标为 $(3, -4, -1)$.

4.6　向量的内积与正交矩阵

1. 内积的概念

定义 4.13　设有 n 维向量 $\boldsymbol{x}=(x_1, x_2, \cdots, x_n)^{\mathrm{T}}$，$\boldsymbol{y}=(y_1, y_2, \cdots, y_n)^{\mathrm{T}}$，令

$$\langle \boldsymbol{x}, \boldsymbol{y}\rangle = x_1y_1+x_2y_2+\cdots+x_ny_n=\sum_{i=1}^{n}x_iy_i$$

称为向量 $\boldsymbol{x}$，$\boldsymbol{y}$ 的内积.

显然，n 维向量的内积也可以用矩阵的乘法来表示：$\langle \boldsymbol{x}, \boldsymbol{y}\rangle=\boldsymbol{x}^{\mathrm{T}}\boldsymbol{y}=\boldsymbol{y}^{\mathrm{T}}\boldsymbol{x}$　($\boldsymbol{x}$，$\boldsymbol{y}$ 为行向量时，$\langle \boldsymbol{x}, \boldsymbol{y}\rangle=\boldsymbol{x}\boldsymbol{y}^{\mathrm{T}}=\boldsymbol{y}\boldsymbol{x}^{\mathrm{T}}$).

内积具有以下性质：(其中 $\boldsymbol{x}$，$\boldsymbol{y}$，$\boldsymbol{z}$ 为 n 维向量，k_1，k_2 为实数)

(1) 对称性：$\langle \boldsymbol{x}, \boldsymbol{y}\rangle=\langle \boldsymbol{y}, \boldsymbol{x}\rangle$；

(2) 线性：$\langle k_1\boldsymbol{x}+k_2\boldsymbol{y}, \boldsymbol{z}\rangle=k_1\langle \boldsymbol{x}, \boldsymbol{z}\rangle+k_2\langle \boldsymbol{y}, \boldsymbol{z}\rangle$；

(3) 当 $\boldsymbol{x}\neq\boldsymbol{0}$，$\langle \boldsymbol{x}, \boldsymbol{x}\rangle>0$；当 $\boldsymbol{x}=\boldsymbol{0}$ 时，$\langle \boldsymbol{x}, \boldsymbol{x}\rangle=0$；

(4) $\langle \boldsymbol{0}, \boldsymbol{x}\rangle=\langle \boldsymbol{x}, \boldsymbol{0}\rangle=0$；

(5) 施瓦兹不等式：$\langle \boldsymbol{x}, \boldsymbol{y}\rangle^2\leqslant\langle \boldsymbol{x}, \boldsymbol{x}\rangle\langle \boldsymbol{y}, \boldsymbol{y}\rangle$.

这些性质可以根据内积定义直接证明.

定义 4.14　设 n 维向量 $\boldsymbol{x}$，称 $\|\boldsymbol{x}\|=\sqrt{\langle \boldsymbol{x}, \boldsymbol{x}\rangle}=\sqrt{x_1^2+x_2^2+\cdots+x_n^2}$ 为向量 $\boldsymbol{x}$ 的长度或模(范数).

当 $\|\boldsymbol{x}\|=1$ 时，称 $\boldsymbol{x}$ 为单位向量.

向量的长度具有以下性质：

(1) **非负性(正定性)**：当 $\boldsymbol{x}\neq\boldsymbol{0}$ 时，$\|\boldsymbol{x}\|>0$；当 $\boldsymbol{x}=\boldsymbol{0}$ 时，$\|\boldsymbol{x}\|=0$；

(2) **齐次性**：$\|\lambda\boldsymbol{x}\|=|\lambda|\,\|\boldsymbol{x}\|$ $(\lambda\in\mathbf{R})$；

(3) **三角不等式**：$\|\boldsymbol{x}+\boldsymbol{y}\|\leqslant\|\boldsymbol{x}\|+\|\boldsymbol{y}\|$.

因为

$\|\boldsymbol{x}+\boldsymbol{y}\|^2\leqslant\langle \boldsymbol{x}+\boldsymbol{y}, \boldsymbol{x}+\boldsymbol{y}\rangle=\langle \boldsymbol{x}, \boldsymbol{x}\rangle+2\langle \boldsymbol{x}, \boldsymbol{y}\rangle+\langle \boldsymbol{y}, \boldsymbol{y}\rangle\leqslant\|\boldsymbol{x}\|^2+2\|\boldsymbol{x}\|\,\|\boldsymbol{y}\|+\|\boldsymbol{y}\|^2=(\|\boldsymbol{x}\|+\|\boldsymbol{y}\|)^2$，

所以 $\|\boldsymbol{x}+\boldsymbol{y}\|\leqslant\|\boldsymbol{x}\|+\|\boldsymbol{y}\|$.

(4) **柯西(cauchy)不等式**：$|\langle \boldsymbol{x}, \boldsymbol{y}\rangle|\leqslant\|\boldsymbol{x}\|\,\|\boldsymbol{y}\|$，即 $\left|\sum_{i=1}^{n}x_iy_i\right|\leqslant\sqrt{\sum_{i=1}^{n}x_i^2}$

$\sqrt{\sum_{i=1}^{n} y_i^2}$，且等式成立当且仅当 $\boldsymbol{x}$，$\boldsymbol{y}$ 线性相关.

若 $\boldsymbol{x}$，$\boldsymbol{y}$ 线性相关，则有常数 $k \in \mathbf{R}$ 使 $\boldsymbol{y}=k\boldsymbol{x}$，或 $\boldsymbol{x}=k\boldsymbol{y}$，以 $\boldsymbol{y}=k\boldsymbol{x}$ 为例，有

$$|\langle \boldsymbol{x}, \boldsymbol{y}\rangle| = |\langle \boldsymbol{x}, k\boldsymbol{y}\rangle| = |k\langle \boldsymbol{x}, \boldsymbol{x}\rangle| = |k|\langle \boldsymbol{x}, \boldsymbol{x}\rangle,$$

$$\|\boldsymbol{x}\| \|\boldsymbol{y}\| = \sqrt{\langle \boldsymbol{x}, \boldsymbol{x}\rangle\langle \boldsymbol{y}, \boldsymbol{y}\rangle} = \sqrt{k^2\langle \boldsymbol{x}, \boldsymbol{x}\rangle^2} = |k|\langle \boldsymbol{x}, \boldsymbol{x}\rangle.$$

当 $\boldsymbol{y}=k\boldsymbol{x}$ 时，情况类似，因此当 $\boldsymbol{x}$，$\boldsymbol{y}$ 线性相关时，成立等式 $|\langle \boldsymbol{x}, \boldsymbol{y}\rangle| = \|\boldsymbol{x}\| \|\boldsymbol{y}\|$.

若 $\boldsymbol{x}$，$\boldsymbol{y}$ 线性无关，这时对任何实数 t，$t\boldsymbol{x}+\boldsymbol{y} \neq \mathbf{0}$，于是由内积的性质得

$\langle t\boldsymbol{x}+\boldsymbol{y}, t\boldsymbol{x}+\boldsymbol{y}\rangle > 0$，$\forall t \in \mathbf{R}$，

即

$$\langle \boldsymbol{x}, \boldsymbol{x}\rangle t^2 + 2\langle \boldsymbol{x}, \boldsymbol{y}\rangle t + \langle \boldsymbol{y}, \boldsymbol{y}\rangle > 0, \ \forall t \in \mathbf{R},$$

此式左端是 t 的二次多项式，其判别式 $4\langle \boldsymbol{x}, \boldsymbol{y}\rangle^2 - 4\langle \boldsymbol{x}, \boldsymbol{x}\rangle\langle \boldsymbol{y}, \boldsymbol{y}\rangle < 0$，因此，当 $\boldsymbol{x}$，$\boldsymbol{y}$ 线性无关时，成立严格不等式 $|\langle \boldsymbol{x}, \boldsymbol{y}\rangle| \leqslant \|\boldsymbol{x}\| \|\boldsymbol{y}\|$.

综上所述，无论 $\boldsymbol{x}$，$\boldsymbol{y}$ 是否线性无关，柯西不等式都成立.

由长度的正定性及齐次性可知：当 $\boldsymbol{x} \neq \mathbf{0}$ 时，$\left\| \frac{1}{\|\boldsymbol{x}\|} \|\boldsymbol{x}\| \right\| = \frac{1}{\|\boldsymbol{x}\|} \|\boldsymbol{x}\| = 1$，表明 $\frac{1}{\|\boldsymbol{x}\|} \|\boldsymbol{x}\|$ 是单位向量. 由非零向量 $\boldsymbol{x}$ 得到单位向量 $\frac{1}{\|\boldsymbol{x}\|}\boldsymbol{x}$ 的过程叫作**单位化或标准化**.

有了柯西不等式作支持，还可以定义向量的夹角.

定义 4.15 若 $\boldsymbol{x}$，$\boldsymbol{y} \in \mathbf{R}^n$，$\boldsymbol{x} \neq \mathbf{0}$，$\boldsymbol{y} \neq \mathbf{0}$，称 $\theta = \arccos \frac{\langle \boldsymbol{x}, \boldsymbol{y}\rangle}{\|\boldsymbol{x}\| \|\boldsymbol{y}\|}$ 为向量 $\boldsymbol{x}$ 与 $\boldsymbol{y}$ 的夹角；若 $\langle \boldsymbol{x}, \boldsymbol{y}\rangle \geqslant 0$，称向量 $\boldsymbol{x}$ 与 $\boldsymbol{y}$ 正交. 显然，当 $\boldsymbol{x}=\mathbf{0}$ 时，则 $\boldsymbol{x}$ 与任何向量都正交.

例 1 设 $\boldsymbol{\alpha}=(-1, 1, 1, 1)^{\mathrm{T}}$，$\boldsymbol{\beta}=(-1, -2, 1, 0)^{\mathrm{T}}$，$\boldsymbol{\gamma}=(-1, 1, 1, 0)^{\mathrm{T}}$.

(1) 问 $\boldsymbol{\alpha}$ 与 $\boldsymbol{\beta}$，$\boldsymbol{\alpha}$ 与 $\boldsymbol{\gamma}$ 是否正交？

(2) 求与 $\boldsymbol{\alpha}$，$\boldsymbol{\beta}$，$\boldsymbol{\gamma}$ 都正交的单位向量.

解 (1) 因 $\langle \boldsymbol{\alpha}, \boldsymbol{\beta}\rangle = 1-2+1+0=0$，故 $\boldsymbol{\alpha}$ 与 $\boldsymbol{\beta}$ 正交；因 $\langle \boldsymbol{\alpha}, \boldsymbol{\gamma}\rangle = 1+1+1+0=3$，故 $\boldsymbol{\alpha}$ 与 $\boldsymbol{\gamma}$ 不正交.

(2) 设与 $\boldsymbol{\alpha}$，$\boldsymbol{\beta}$，$\boldsymbol{\gamma}$ 都正交的向量为 $\boldsymbol{x}=(x_1, x_2, x_3, x_4)^{\mathrm{T}}$，则由正交条件得到齐次线性方程组

$$\begin{pmatrix} -1 & 1 & 1 & 1 \\ -1 & -2 & 1 & 0 \\ -1 & 1 & 1 & 0 \end{pmatrix} \boldsymbol{x} = \mathbf{0},$$

由此解得 $\boldsymbol{x}=k(1, 0, 1, 0)^{\mathrm{T}}$，再由单位向量这个条件得所求向量为 $\pm\frac{1}{\sqrt{2}}(1, 0, 1, 0)^{\mathrm{T}}$.

2. 正交向量组与施密特(Schmidt)方法

定理 1　若 n 维向量 $\boldsymbol{\alpha}_1$，$\boldsymbol{\alpha}_2$，…，$\boldsymbol{\alpha}_r$ 是一组两两正交的非零向量，则 $\boldsymbol{\alpha}_1$，$\boldsymbol{\alpha}_2$，…，$\boldsymbol{\alpha}_r$ 线性无关.

证　设有 l_1，l_2，…，l_r，使 $l_1\boldsymbol{\alpha}_1+l_2\boldsymbol{\alpha}_2+\cdots+l_r\boldsymbol{\alpha}_r=\boldsymbol{0}$，以 $\boldsymbol{\alpha}_i^{\mathrm{T}}$ 左乘上式两端，得 $\lambda_i\boldsymbol{\alpha}_i^{\mathrm{T}}\boldsymbol{\alpha}_i=0$，因 $\boldsymbol{\alpha}_i\neq 0$，故 $\boldsymbol{\alpha}_i^{\mathrm{T}}\boldsymbol{\alpha}_i=\|\boldsymbol{\alpha}_i\|\neq 0$，从而必有 $\lambda_i=0(i=1,2,\cdots,r)$，于是 $\boldsymbol{\alpha}_1$，$\boldsymbol{\alpha}_2$，…，$\boldsymbol{\alpha}_r$ 线性无关

定义 4.16　一组两两正交的非零向量称为正交向量组，由一组单位向量组成的正交向量组称为标准正交向量组. 向量空间的基如果是正交向量组或标准正交向量组，则分别称为正交基或标准正交基(规范正交基).

例如，$\boldsymbol{e}_1=\dfrac{1}{3}(1,-2,-2)^{\mathrm{T}}$，$\boldsymbol{e}_2=\dfrac{1}{3}(2,-1,2)^{\mathrm{T}}$，$\boldsymbol{e}_3=\dfrac{1}{3}(2,2,-1)^{\mathrm{T}}$ 就是 $\mathbf{R}^3$ 的一个标准正交基.

为了计算方便，常常需要从向量空间 V 的一个基 $\boldsymbol{\alpha}_1$，$\boldsymbol{\alpha}_2$，…，$\boldsymbol{\alpha}_r$ 出发，找出 V 的一个标准正交基 $\boldsymbol{e}_1$，$\boldsymbol{e}_2$，…，$\boldsymbol{e}_r$，使 $\boldsymbol{e}_1$，$\boldsymbol{e}_2$，…，$\boldsymbol{e}_r$ 与 $\boldsymbol{\alpha}_1$，$\boldsymbol{\alpha}_2$，…，$\boldsymbol{\alpha}_r$ 等价，称为把基 $\boldsymbol{\alpha}_1$，$\boldsymbol{\alpha}_2$，…，$\boldsymbol{\alpha}_r$ 标准正交化.

施密特正交化　设 $\boldsymbol{\alpha}_1$，$\boldsymbol{\alpha}_2$，…，$\boldsymbol{\alpha}_r$ 是向量空间 V 的一个基，首先将 $\boldsymbol{\alpha}_1$，$\boldsymbol{\alpha}_2$，…，$\boldsymbol{\alpha}_r$ 正交化：

$$\boldsymbol{\beta}_1=\boldsymbol{\alpha}_1,$$

$$\boldsymbol{\beta}_2=\boldsymbol{\alpha}_2-\frac{\langle\boldsymbol{\beta}_1,\boldsymbol{\alpha}_2\rangle}{\langle\boldsymbol{\beta}_1,\boldsymbol{\beta}_1\rangle}\boldsymbol{\beta}_1,$$

$$\cdots$$

$$\boldsymbol{\beta}_r=\boldsymbol{\alpha}_r-\frac{\langle\boldsymbol{\beta}_1,\boldsymbol{\alpha}_r\rangle}{\langle\boldsymbol{\beta}_1,\boldsymbol{\beta}_1\rangle}\boldsymbol{\beta}_1-\frac{\langle\boldsymbol{\beta}_2,\boldsymbol{\alpha}_r\rangle}{\langle\boldsymbol{\beta}_2,\boldsymbol{\beta}_2\rangle}\boldsymbol{\beta}_2-\cdots-\frac{\langle\boldsymbol{\beta}_{r-1},\boldsymbol{\alpha}_r\rangle}{\langle\boldsymbol{\beta}_{r-1},\boldsymbol{\beta}_{r-1}\rangle}\boldsymbol{\beta}_{r-1},$$

然后将 $\boldsymbol{\beta}_1$，$\boldsymbol{\beta}_2$，…，$\boldsymbol{\beta}_r$ 单位化：

$$\boldsymbol{e}_1=\frac{1}{\|\boldsymbol{\beta}_1\|}\boldsymbol{\beta}_1,\ \boldsymbol{e}_2=\frac{1}{\|\boldsymbol{\beta}_2\|}\boldsymbol{\beta}_2,\ \cdots,\ \boldsymbol{e}_r=\frac{1}{\|\boldsymbol{\beta}_r\|}\boldsymbol{\beta}_r.$$

容易验证 $\boldsymbol{e}_1$，$\boldsymbol{e}_2$，…，$\boldsymbol{e}_r$ 是 V 的一个标准正交基，且与 $\boldsymbol{\alpha}_1$，$\boldsymbol{\alpha}_2$，…，$\boldsymbol{\alpha}_r$ 等价.

例 2　试用施密特正交化过程将线性无关向量组 $\boldsymbol{\alpha}_1=(1,1,1)^{\mathrm{T}}$，$\boldsymbol{\alpha}_2=(1,2,3)^{\mathrm{T}}$，$\boldsymbol{\alpha}_3=(1,4,9)^{\mathrm{T}}$ 标准正交化.

解　取 $\boldsymbol{\beta}_1=\boldsymbol{\alpha}_1=(1,1,1)^{\mathrm{T}}$，$\boldsymbol{\beta}_2=\boldsymbol{\alpha}_2-\dfrac{\langle\boldsymbol{\beta}_1,\boldsymbol{\alpha}_2\rangle}{\langle\boldsymbol{\beta}_1,\boldsymbol{\beta}_1\rangle}\boldsymbol{\beta}_1=(-1,0,1)^{\mathrm{T}}$，

$$\boldsymbol{\beta}_3=\boldsymbol{\alpha}_3-\frac{\langle\boldsymbol{\beta}_1,\boldsymbol{\alpha}_3\rangle}{\langle\boldsymbol{\beta}_1,\boldsymbol{\beta}_1\rangle}\boldsymbol{\beta}_1-\frac{\langle\boldsymbol{\beta}_2,\boldsymbol{\alpha}_3\rangle}{\langle\boldsymbol{\beta}_2,\boldsymbol{\beta}_2\rangle}\boldsymbol{\beta}_2=\frac{1}{3}(1,-2,1),$$

再取 $\boldsymbol{e}_1=\dfrac{1}{\|\boldsymbol{\beta}_1\|}\boldsymbol{\beta}_1=\dfrac{1}{\sqrt{3}}(1,1,1)^{\mathrm{T}}$，$\boldsymbol{e}_2=\dfrac{1}{\|\boldsymbol{\beta}_2\|}\boldsymbol{\beta}_2=\dfrac{1}{\sqrt{2}}(-1,0,1)^{\mathrm{T}}$，$\boldsymbol{e}_3=$

$$\frac{1}{\|\boldsymbol{\beta}_3\|}\boldsymbol{\beta}_3=\frac{1}{\sqrt{6}}(1,\ -2,\ 1)^{\mathrm{T}}.$$

$\boldsymbol{e}_1$，$\boldsymbol{e}_2$，$\boldsymbol{e}_3$ 即为所求.

3. 正交矩阵和正交变换

定义 4.17 若 n 阶方阵 $\boldsymbol{A}$ 满足 $\boldsymbol{A}\boldsymbol{A}^{\mathrm{T}}=\boldsymbol{E}$（即 $\boldsymbol{A}^{-1}=\boldsymbol{A}^{\mathrm{T}}$），则称 $\boldsymbol{A}$ 为正交矩阵，简称正交阵.

根据定义容易证明正交矩阵有以下性质：

(1) 若为正交阵，则 $\boldsymbol{A}^{-1}=\boldsymbol{A}^{\mathrm{T}}$ 也是正交阵，且 $|\boldsymbol{A}|=1$；

(2) 同阶正交矩阵的乘积也是正交矩阵.

定理 2 设 $\boldsymbol{A}$ 是正交矩阵，则 $\boldsymbol{A}$ 的列向量组构成 $\mathbf{R}^n$ 的一个标准正交基.

证 只就列加以证明，设 $\boldsymbol{A}=(\boldsymbol{\alpha}_1,\ \boldsymbol{\alpha}_2,\ \cdots,\ \boldsymbol{\alpha}_r)$，

因为

$$\boldsymbol{A}^{\mathrm{T}}\boldsymbol{A}=\begin{pmatrix}\boldsymbol{\alpha}_1^{\mathrm{T}}\\ \boldsymbol{\alpha}_2^{\mathrm{T}}\\ \vdots\\ \boldsymbol{\alpha}_r^{\mathrm{T}}\end{pmatrix}(\boldsymbol{\alpha}_1,\ \boldsymbol{\alpha}_2,\ \cdots,\ \boldsymbol{\alpha}_r),$$

所以 $\boldsymbol{A}^{\mathrm{T}}\boldsymbol{A}=\boldsymbol{E}\Leftrightarrow(\boldsymbol{\alpha}_i^{\mathrm{T}}\boldsymbol{\alpha}_j)=(\boldsymbol{\delta}_{ij})$，即 $\boldsymbol{A}$ 为正交矩阵的条件是 $\boldsymbol{A}$ 的列向量组构成 $\mathbf{R}^n$ 的一个标准正交基.

定义 4.15 当 $\boldsymbol{A}$ 为正交矩阵，则线性变换 $\boldsymbol{y}=\boldsymbol{A}\boldsymbol{x}$ 称为正交变换.

证 设 $\boldsymbol{y}=\boldsymbol{A}\boldsymbol{x}$ 为正交变换，则有 $\|\boldsymbol{y}\|=\sqrt{\boldsymbol{y}^{\mathrm{T}}\boldsymbol{y}}=\sqrt{\boldsymbol{x}^{\mathrm{T}}P^{\mathrm{T}}P}=\sqrt{\boldsymbol{x}^{\mathrm{T}}\boldsymbol{x}}=\|\boldsymbol{x}\|$. 由此可知，经正交变换两点间距离保持不变，这是正交变换的优良特征.

习题 4

1. 求下列矩阵的秩.

(1) $\begin{pmatrix}1 & 2 & 3 & 4\\ 1 & -2 & 4 & 5\\ 1 & 10 & 1 & 2\end{pmatrix}$；

(2) $\begin{pmatrix}1 & 2 & 3 & 0\\ 0 & 1 & 0 & 1\\ 0 & 1 & 1 & 0\\ 0 & 0 & 0 & 0\end{pmatrix}$；

(3) $\begin{pmatrix}1 & -2 & -1 & -2\\ 4 & 1 & 2 & 1\\ 1 & 1 & 1 & 1\\ 2 & 5 & 4 & -1\end{pmatrix}$；

(4) $\begin{pmatrix}0 & 0 & 1 & 2 & -1\\ 1 & 3 & -2 & 2 & -1\\ 2 & 6 & -4 & 5 & 0\\ -1 & -3 & 4 & 0 & 5\end{pmatrix}$.

2. 设 $A=\begin{pmatrix}1 & -2 & 3k\\ -1 & 2k & -3\\ k & -2 & 3\end{pmatrix}$，问 k 为何值，可使(1)$R(A)=1$；(2)$R(A)=2$；(3)$R(A)=3$.

3. 将下列各题中的向量 $\boldsymbol{\beta}$ 表示为其他向量的线性组合.

(1)$\boldsymbol{\beta}=(4,-1,5,1)^{T}$，$\boldsymbol{\alpha}_1=(2,0,0,0)^{T}$，$\boldsymbol{\alpha}_2=(0,1,0,0)^{T}$，$\boldsymbol{\alpha}_3=(0,0,3,0)^{T}$，$\boldsymbol{\alpha}_4=\left(0,0,0,\frac{1}{2}\right)^{T}$；

(2)$\boldsymbol{\beta}=(3,5,-6)^{T}$，$\boldsymbol{\alpha}_1=(1,0,1)^{T}$，$\boldsymbol{\alpha}_2=(1,1,1)^{T}$，$\boldsymbol{\alpha}_3=(0,-1,-1)^{T}$.

4. 设 $\boldsymbol{\alpha}_1=(1,1,1)^{T}$，$\boldsymbol{\alpha}_2=(-1,2,1)^{T}$，$\boldsymbol{\alpha}_3=(2,3,4)^{T}$，求 $\boldsymbol{\beta}=3\boldsymbol{\alpha}_1+2\boldsymbol{\alpha}_2-\boldsymbol{\alpha}_3$.

5. 设 $3(\boldsymbol{\alpha}_1-\boldsymbol{\alpha})+2(\boldsymbol{\alpha}_2+\boldsymbol{\alpha})=5(\boldsymbol{\alpha}_3+\boldsymbol{\alpha})$，求 $\boldsymbol{\alpha}$，其中 $\boldsymbol{\alpha}_1=(2,5,1,3)^{T}$，$\boldsymbol{\alpha}_2=(10,1,5,10)^{T}$，$\boldsymbol{\alpha}_3=(4,1,-1,1)^{T}$.

6. 判断下列向量组是线性相关还是线性无关.

(1)$\boldsymbol{\alpha}_1=(2,1,1)^{T}$，$\boldsymbol{\alpha}_2=(1,2,-1)^{T}$，$\boldsymbol{\alpha}_3=(-2,3,0)^{T}$；

(2)$\boldsymbol{\alpha}_1=(2,1,-1)^{T}$，$\boldsymbol{\alpha}_2=(1,-1,1)^{T}$，$\boldsymbol{\alpha}_3=(-1,1,2)^{T}$；

(3)$\boldsymbol{\alpha}_1=(1,1,1,1)^{T}$，$\boldsymbol{\alpha}_2=(1,1,-1,-1)^{T}$，$\boldsymbol{\alpha}_3=(1,-1,1,-1)^{T}$；

(4)$\boldsymbol{\alpha}_1=(a_{11},0,\cdots,0)^{T}\boldsymbol{\alpha}_2=(0,a_{22},\cdots,0)^{T}$，$\cdots$，$\boldsymbol{\alpha}_n=(0,0,\cdots,a_{nn})^{T}$，$(a_{ii}\neq 0；i=1,2,\cdots,n)$.

7. 已知向量组 $\boldsymbol{\alpha}_1=(k,2,1)^{T}$，$\boldsymbol{\alpha}_2=(2,k,0)^{T}$，$\boldsymbol{\alpha}_3=(1,-1,1)^{T}$，试求 k 为何值时，向量组 $\boldsymbol{\alpha}_1$，$\boldsymbol{\alpha}_2$，$\boldsymbol{\alpha}_3$ 线性相关？k 为何值时，向量组线性无关？

8. 下列命题是否正确？证明或举反例.

(1) 若存在一组全为零的数 k_1，k_2 使 $k_1\boldsymbol{\alpha}_1+k_2\boldsymbol{\alpha}_2=\boldsymbol{0}$，则 $\boldsymbol{\alpha}_1$，$\boldsymbol{\alpha}_2$ 线性无关；

(2) 若 $\boldsymbol{\alpha}_1$，$\boldsymbol{\alpha}_2$ 线性无关，且 $\boldsymbol{\beta}$ 不能由 $\boldsymbol{\alpha}_1$，$\boldsymbol{\alpha}_2$ 线性表示，则 n 维向量组 $\boldsymbol{\alpha}_1$，$\boldsymbol{\alpha}_2$，$\boldsymbol{\beta}$ 线性无关；

(3) 若向量组 $\boldsymbol{\alpha}_1$，$\boldsymbol{\alpha}_2$，$\boldsymbol{\alpha}_3$ 线性相关，则 $\boldsymbol{\alpha}_1$，$\boldsymbol{\alpha}_2$，$\boldsymbol{\alpha}_3$ 任一向量都可由其余两个向量线性表示；

(4) 若向量组 $\boldsymbol{\alpha}_1$，$\boldsymbol{\alpha}_2$，$\boldsymbol{\alpha}_3$ 中任两个向量都线性无关，则 $\boldsymbol{\alpha}_1$，$\boldsymbol{\alpha}_2$，$\boldsymbol{\alpha}_3$ 也线性无关；

(5) 设有一组数 k_1，k_2，k_3，使 $k_1\boldsymbol{\alpha}_1+k_2\boldsymbol{\alpha}_2+k_3\boldsymbol{\alpha}_3=\boldsymbol{0}$，且 $\boldsymbol{\alpha}_3$ 可由 $\boldsymbol{\alpha}_1$，$\boldsymbol{\alpha}_2$ 线性表示，则 $k_3\neq 0$；

(6) 若 $\boldsymbol{\beta}$ 不表示为 $\boldsymbol{\alpha}_1$，$\boldsymbol{\alpha}_2$ 的线性组合，则向量组 $\boldsymbol{\alpha}_1$，$\boldsymbol{\alpha}_2$，$\boldsymbol{\beta}$ 线性无关；

(7) 若向量组 $\boldsymbol{\alpha}_1$，$\boldsymbol{\alpha}_2$，$\boldsymbol{\alpha}_3$ 线性无关，则向量 $\boldsymbol{\alpha}_1$，$\boldsymbol{\alpha}_2$ 线性无关；

(8) 若向量组 $\boldsymbol{\alpha}_1$，$\boldsymbol{\alpha}_2$，…，$\boldsymbol{\alpha}_s$ 能由 $\boldsymbol{\beta}_1$，$\boldsymbol{\beta}_2$，…，$\boldsymbol{\beta}_t$ 线性表示，且 $s>t$，则 $\boldsymbol{\alpha}_1$，$\boldsymbol{\alpha}_2$，…，$\boldsymbol{\alpha}_s$ 线性无关.

9. 设向量组 $\boldsymbol{\alpha}_1$，$\boldsymbol{\alpha}_2$，$\boldsymbol{\alpha}_3$ 线性无关，$\boldsymbol{\beta}_1=\boldsymbol{\alpha}_1+\boldsymbol{\alpha}_2$，$\boldsymbol{\beta}_2=\boldsymbol{\alpha}_2+\boldsymbol{\alpha}_3$，$\boldsymbol{\beta}_3=\boldsymbol{\alpha}_1+\boldsymbol{\alpha}_3$，证明：向量组 $\boldsymbol{\beta}_1$，$\boldsymbol{\beta}_2$，$\boldsymbol{\beta}_3$ 也线性无关.

10. 已知 $\boldsymbol{\alpha}_1$，$\boldsymbol{\alpha}_2$，$\boldsymbol{\alpha}_3$，$\boldsymbol{\beta}$ 线性无关，令 $\boldsymbol{\beta}_1=\boldsymbol{\alpha}_1+\boldsymbol{\beta}$，$\boldsymbol{\beta}_2=\boldsymbol{\alpha}_2+2\boldsymbol{\beta}$，$\boldsymbol{\beta}_3=\boldsymbol{\alpha}_3+3\boldsymbol{\beta}$，试证 $\boldsymbol{\beta}_1$，$\boldsymbol{\beta}_2$，$\boldsymbol{\beta}_3$，$\boldsymbol{\beta}$ 线性无关.

11. 设 $\boldsymbol{\alpha}$ 可由 $\boldsymbol{\alpha}_1$，$\boldsymbol{\alpha}_2$，$\boldsymbol{\alpha}_3$ 线性表示，但 $\boldsymbol{\alpha}$ 不能由 $\boldsymbol{\alpha}_2$，$\boldsymbol{\alpha}_3$ 线性表示，试证 $\boldsymbol{\alpha}_1$ 可由 $\boldsymbol{\alpha}$，$\boldsymbol{\alpha}_2$，$\boldsymbol{\alpha}_3$ 线性表示.

12. 设 $\boldsymbol{\beta}$ 可由 $\boldsymbol{\alpha}_1$，$\boldsymbol{\alpha}_2$，$\boldsymbol{\alpha}_3$ 线性表示，且表达式唯一，试证 $\boldsymbol{\alpha}_1$，$\boldsymbol{\alpha}_2$，$\boldsymbol{\alpha}_3$ 线性无关.

13. 求(1) 向量组的秩；(2) 向量组的一个极大无关组；(3) 用(2) 中选定的极大无关组表示该向量组中的其余向量.

(1) $\boldsymbol{\alpha}_1=(2,4,2)^{\mathrm{T}}$，$\boldsymbol{\alpha}_2=(1,1,0)^{\mathrm{T}}$，$\boldsymbol{\alpha}_3=(2,3,1)^{\mathrm{T}}$，$\boldsymbol{\alpha}_4=(3,5,2)^{\mathrm{T}}$；

(2) $\boldsymbol{\alpha}_1=(1,1,3,1)^{\mathrm{T}}$，$\boldsymbol{\alpha}_2=(-1,1,-1,3)^{\mathrm{T}}$，$\boldsymbol{\alpha}_3=(5,-2,8,-9)^{\mathrm{T}}$，$\boldsymbol{\alpha}_4=(-1,3,1,7)^{\mathrm{T}}$；

(3) $\boldsymbol{\alpha}_1=(1,1,2,3)^{\mathrm{T}}$，$\boldsymbol{\alpha}_2=(1,-1,1,1)^{\mathrm{T}}$，$\boldsymbol{\alpha}_3=(1,3,3,5)^{\mathrm{T}}$，$\boldsymbol{\alpha}_4=(4,-2,5,6)^{\mathrm{T}}$，$\boldsymbol{\alpha}_5=(-3,-1,-5,-7)^{\mathrm{T}}$.

14. $\mathbf{R}^4$ 的子集

$$V_1=\{x=(x_1,x_2,x_3,x_4)^{\mathrm{T}}\mid x_1+2x_2+3x_3+4x_4=0\},$$

$$V_2=\{x=(x_1,x_2,x_3,x_4)^{\mathrm{T}}\mid x_1-x_2+x_3-x_4=0\},$$

$\mathbf{R}^n$ 的子集

$$V_3=\{x=(x_1,x_2,\cdots,x_n)^{\mathrm{T}}\mid x_1,x_2,\cdots,x_n\in\mathbf{R},\ \text{满足}\ x_1+x_2+\cdots+x_n=0\},$$

$$V_4=\{x=(x_1,x_2,\cdots,x_n)^{\mathrm{T}}\mid x_1,x_2,\cdots,x_n\in\mathbf{R},\ \text{满足}\ x_1+x_2+\cdots+x_n=1\},$$

是不是向量空间？请说明理由.

15. 由 $\boldsymbol{\alpha}_1=(1,2,1,0)^{\mathrm{T}}$，$\boldsymbol{\alpha}_2=(1,0,1,0)^{\mathrm{T}}$ 所生成的向量空间记作 V_1，由 $\boldsymbol{\beta}_1=(0,1,0,0)^{\mathrm{T}}$，$\boldsymbol{\beta}_2=(3,0,3,0)^{\mathrm{T}}$ 所生成的向量空间记作 V_2，证明 $V_1=V_2$.

16. 设 $\boldsymbol{\alpha}_1=(1,2,1)^{\mathrm{T}}$，$\boldsymbol{\alpha}_2=(2,3,3)^{\mathrm{T}}$，$\boldsymbol{\alpha}_3=(3,7,1)^{\mathrm{T}}$；$\boldsymbol{\beta}_1=(3,1,4)^{\mathrm{T}}$，$\boldsymbol{\beta}_2=(5,2,1)^{\mathrm{T}}$，$\boldsymbol{\beta}_3=(1,1,-6)^{\mathrm{T}}$，

(1) 验证 $\boldsymbol{\alpha}_1$，$\boldsymbol{\alpha}_2$，$\boldsymbol{\alpha}_3$；$\boldsymbol{\beta}_1$，$\boldsymbol{\beta}_2$，$\boldsymbol{\beta}_3$ 都是 $\mathbf{R}^3$ 的基；

(2) 求向量 $(0, -2, 3)^T$ 在这两组基下的坐标.

17. 已知 $\mathbf{R}^3$ 的两组基为 $\boldsymbol{\alpha}_1=(1, 1, 1)^T$，$\boldsymbol{\alpha}_2=(1, 0, -1)^T$，$\boldsymbol{\alpha}_3=(1, 0, 1)^T$ 及 $\boldsymbol{\beta}_1=(1, 2, 1)^T$，$\boldsymbol{\beta}_2=(2, 3, 4)^T$，$\boldsymbol{\beta}_3=(3, 4, 3)^T$，求由基 $\boldsymbol{\alpha}_1$，$\boldsymbol{\alpha}_2$，$\boldsymbol{\alpha}_3$ 到基 $\boldsymbol{\beta}_1$，$\boldsymbol{\beta}_2$，$\boldsymbol{\beta}_3$ 的过渡矩阵.

18. 设 $\boldsymbol{\alpha}_1=(-1, 0, 1, 2)^T$，$\boldsymbol{\alpha}_2=(0, k, -1, 1)^T$，$\boldsymbol{\alpha}_3=(-2, 1, 15)^T$，$\mathbf{V}=(\alpha_1, \alpha_2, \alpha_3)$，$\boldsymbol{\xi}=(8, 4, -5, -19)$

(1) k 为何值时，维 $(\mathbf{V})=2$.

(2) 设 $k=2$（这时维 $(\mathbf{V})=3$），求 ξ 在基 $\boldsymbol{\alpha}_1$，$\boldsymbol{\alpha}_2$，$\boldsymbol{\alpha}_3$ 下的坐标.

19. 试证由向量 $\boldsymbol{\alpha}_1=(1, 0, 0)^T$，$\boldsymbol{\alpha}_2=(1, 1, 0)^T$，$\boldsymbol{\alpha}_3=(1, 12)^T$ 所生成的向量空间就是 $\mathbf{R}^3$.

20. 计算向量 $\boldsymbol{\alpha}$ 与 $\boldsymbol{\beta}$ 的内积.

(1) $\boldsymbol{\alpha}=(1, -2, 1)$，$\boldsymbol{\beta}=(0, 1, 0)$；(2) $\boldsymbol{\alpha}=(2, -2, 1, 4)^T$，$\boldsymbol{\beta}=(-1, 2, -2, 1)^T$.

21. 求下列向量组所构成的标准正交基.

(1) $\boldsymbol{\alpha}_1=(2, 0)^T$，$\boldsymbol{\alpha}_2=(1, 1)^T$；

(2) $\boldsymbol{\alpha}_1=(3, 4)^T$，$\boldsymbol{\alpha}_2=(2, 3)^T$；

(3) $\boldsymbol{\alpha}_1=(2, 0, 0)^T$，$\boldsymbol{\alpha}_2=(0, 1, 1)^T$，$\boldsymbol{\alpha}_3=(5, 6, 0)^T$；

(4) $\boldsymbol{\alpha}_1=(1, 2, 2, -1)^T$，$\boldsymbol{\alpha}_2=(1, 1, -5, 3)^T$，$\boldsymbol{\alpha}_3=(3, 2, 8, 7)^T$.

22. 在四维空间中找出一个单位向量 $\boldsymbol{\alpha}$ 与下列向量都正交.

$\boldsymbol{\alpha}_1=(1, 1, -1, 1)^T$，$\boldsymbol{\alpha}_2=(1, -1, -1, 1)^T$，$\boldsymbol{\alpha}_3=(2, 1, 1, 3)^T$.

23. 下列矩阵是不是正交矩阵？若是，求出其逆矩阵.

(1) $\begin{pmatrix} 1 & -\frac{1}{2} & \frac{1}{3} \\ -\frac{1}{2} & 1 & \frac{1}{2} \\ \frac{1}{3} & \frac{1}{2} & 1 \end{pmatrix}$；　(2) $\begin{pmatrix} \frac{1}{9} & -\frac{8}{9} & -\frac{4}{9} \\ -\frac{8}{9} & \frac{1}{9} & -\frac{4}{9} \\ -\frac{4}{9} & -\frac{4}{9} & \frac{7}{9} \end{pmatrix}$.

24. 设 $\boldsymbol{\alpha}=(1, 0, -1, 3)^T$，$\boldsymbol{\beta}=(1, 5, 1, 0)^T$，$\boldsymbol{\gamma}=(4, 1, -1, 2)^T$，

(1) $\boldsymbol{\alpha}$ 与 $\boldsymbol{\beta}$ 是否正交？$\boldsymbol{\alpha}$ 与 $\boldsymbol{\gamma}$ 是否正交？

(2) 求与 $\boldsymbol{\alpha}$，$\boldsymbol{\beta}$，$\boldsymbol{\gamma}$ 都正交的所有向量.

(3) 求与 $\boldsymbol{\alpha}$，$\boldsymbol{\gamma}$ 等价的一个标准正交向量组.

25. 设 $\boldsymbol{A}=\begin{pmatrix}\frac{1}{2} & a \\ b & c\end{pmatrix}$ 是正交矩阵，且 $a>0$，$b>0$，求 a，b，c.

26. 证明：n 维向量组 $\boldsymbol{\alpha}_1$，$\boldsymbol{\alpha}_2$，…，$\boldsymbol{\alpha}_n$ 线性无关的充要条件是任一 n 维向量都能由 $\boldsymbol{\alpha}_1$，$\boldsymbol{\alpha}_2$，…，$\boldsymbol{\alpha}_n$ 线性表示.

第5章 特征值、特征向量与二次型

本章主要讨论方阵的特征值与特征向量，矩阵在相似意义下化为对角形，实对称矩阵对角化，用正交变换化二次型为标准形等问题.

5.1 特征值与特征向量

特征值与特征向量的概念刻画了方阵的一些本质特征. 在几何学、力学、常微分方程动力系统、管理工程及经济应用等方面都有着广泛的应用. 如震动问题和稳定性问题、最大值与最小值问题，常常可以归结为求一个方阵的特征值和特征向量的问题. 数学中诸如方阵的对角化即解微分方程组的问题，也是要用到特征值理论的.

定义 5.1 设 $\boldsymbol{A}$ 是 n 阶矩阵，如果存在数 λ 和 n 维非零向量 $\boldsymbol{x}$，使关系式

$$\boldsymbol{A}\boldsymbol{x}=\lambda\boldsymbol{x} \tag{5.1}$$

成立，那么，这样的数 λ 称为方阵 $\boldsymbol{A}$ 的特征值，非零向量 x 称为方阵 $\boldsymbol{A}$ 的对应于特征值 λ 的特征向量.

可以将关系式 $\boldsymbol{A}\boldsymbol{x}=\lambda\boldsymbol{x}$ 写成 $(\boldsymbol{A}-\lambda\boldsymbol{E})\boldsymbol{x}=\boldsymbol{0}$.

这个 n 元线性方程组有非零解的充要条件是：系数行列式 $|\boldsymbol{A}-\lambda\boldsymbol{E}|=0$. 方程组(5.1)是以 λ 为未知数的一元 n 次方程，称为方阵 $\boldsymbol{A}$ 的**特征方程**. $|\boldsymbol{A}-\lambda\boldsymbol{E}|$ 是 λ 的 **n 次多项式**，记作 $f(\lambda)$，称为方阵 $\boldsymbol{A}$ 的**特征多项式**. 显然，$\boldsymbol{A}$ 的特征值就是**特征方程的解**.

例 1 求矩阵 $\boldsymbol{A}=\begin{pmatrix}2&1\\1&2\end{pmatrix}$ 的特征值和特征向量.

解 $\boldsymbol{A}$ 的特征多项式

$$|\lambda\boldsymbol{E}-\boldsymbol{A}|=\begin{vmatrix}2-\lambda&1\\1&2-\lambda\end{vmatrix}=(2-\lambda)^2-1=(3-\lambda)(1-\lambda)=0,$$

所以 $\boldsymbol{A}$ 的特征值为 $\lambda_1=1$，$\lambda_2=3$.

当 $\lambda_1=1$ 时，对应的特征向量满足 $(\boldsymbol{E}-\boldsymbol{A})\boldsymbol{x}=\boldsymbol{0}$，即 $\begin{pmatrix}1&1\\1&1\end{pmatrix}\begin{pmatrix}x_1\\x_2\end{pmatrix}=\begin{pmatrix}0\\0\end{pmatrix}$，由 $\begin{pmatrix}1&1\\1&1\end{pmatrix}\to\begin{pmatrix}1&1\\0&0\end{pmatrix}$ 得基础解系为 $(1,\ -1)^{\mathrm{T}}$，所以 $\boldsymbol{A}$ 对应于特征值 $\lambda_1=1$ 的全部特征向

量为 $k(1,\ -1)^T$，其中 k 为任意非零常数.

当 $\lambda_2=3$ 时，对应的特征向量满足 $(3\boldsymbol{E}-\boldsymbol{A})\boldsymbol{x}=\boldsymbol{0}$，即 $\begin{pmatrix}-1 & 1\\ 1 & -1\end{pmatrix}\begin{pmatrix}x_1\\ x_2\end{pmatrix}=\begin{pmatrix}0\\ 0\end{pmatrix}$，由 $\begin{pmatrix}-1 & 1\\ 1 & -1\end{pmatrix}\to\begin{pmatrix}-1 & 1\\ 0 & 0\end{pmatrix}$ 得基础解系为 $(1,\ 1)^T$，所以 $\boldsymbol{A}$ 对应于特征值 $\lambda_2=3$ 的全部特征向量为 $k(1,\ 1)^T$，其中，k 为任意非零常数.

例 2 求矩阵 $\boldsymbol{A}=\begin{pmatrix}5 & 6 & -3\\ -1 & 0 & 1\\ 1 & 2 & 1\end{pmatrix}$ 的特征值和特征向量.

解 由

$$|\lambda\boldsymbol{E}-\boldsymbol{A}|=\begin{vmatrix}\lambda-5 & -6 & 3\\ 1 & \lambda & -1\\ -1 & -2 & \lambda-1\end{vmatrix}=(\lambda-2)[(\lambda-5)(\lambda+1)+9]=(\lambda-2)^3=0,$$

故特征值为 $\lambda_1=\lambda_2=\lambda_3=2$.

当 $\lambda_1=2$ 时，有齐次线性方程组 $(2\boldsymbol{E}-\boldsymbol{A})\boldsymbol{x}=\boldsymbol{0}$，即

$$\begin{cases}-3x_1-6x_2+3x_3=0,\\ x_1+2x_2-x_3=0,\\ -x_1-2x_2+x_3=0,\end{cases}$$

由 $\begin{pmatrix}-3 & -6 & 3\\ 1 & 2 & -1\\ -1 & -2 & 1\end{pmatrix}\to\begin{pmatrix}1 & 2 & -1\\ 0 & 0 & 0\\ 0 & 0 & 0\end{pmatrix}$ 确定它的基础解系为

$$\begin{pmatrix}-2\\ 1\\ 0\end{pmatrix},\ \begin{pmatrix}1\\ 0\\ 1\end{pmatrix},$$

所以，

$k_1\begin{pmatrix}-2\\ 1\\ 0\end{pmatrix}+k_2\begin{pmatrix}1\\ 0\\ 1\end{pmatrix}$ $(k_1k_2\neq 0)$ 是矩阵 $\boldsymbol{A}$ 对应于 $\lambda_1=\lambda_2=\lambda_3=2$ 的全部特征向量.

例 3 求矩阵 $\boldsymbol{A}=\begin{pmatrix}0 & 0 & 1\\ 0 & 1 & 0\\ 1 & 0 & 0\end{pmatrix}$ 的特征值和特征向量.

解 由

$$|\lambda\boldsymbol{E}-\boldsymbol{A}|=\begin{vmatrix}\lambda & 0 & -1\\ 0 & \lambda-1 & 0\\ -1 & 0 & \lambda\end{vmatrix}=(\lambda-1)^2(\lambda+1)=0,$$

得特征值 $\lambda_1=\lambda_2=1$，$\lambda_3=-1$.

当 $\lambda_1=\lambda_2=1$ 时，有 $(\boldsymbol{E}-\boldsymbol{A})\boldsymbol{x}=\boldsymbol{0}$ 即

$$\begin{cases}x_1-x_3=0,\\-x_1+x_3=0,\end{cases}$$

由 $\begin{pmatrix}1 & -1\\-1 & 1\end{pmatrix}\to\begin{pmatrix}1 & -1\\0 & 0\end{pmatrix}$ 得它的基础解系为

$$\begin{pmatrix}0\\1\\0\end{pmatrix},\ \begin{pmatrix}1\\0\\1\end{pmatrix},$$

所以，

$k_1\begin{pmatrix}0\\1\\0\end{pmatrix}+k_2\begin{pmatrix}1\\0\\1\end{pmatrix}$ 是矩阵 $\boldsymbol{A}$ 的对应于 $\lambda_1=\lambda_2=1$ 的全部特征向量，其中 k_1，k_2 不同时为零.

当 $\lambda_3=-1$ 时，有

$$\begin{cases}-x_1-x_3=0,\\-2x_2=0,\\-x_1-x_3=0,\end{cases}$$

即

$$\begin{cases}x_1+x_3=0,\\x_2=0,\end{cases}$$

得它的基础解系为

$$\begin{pmatrix}-1\\0\\1\end{pmatrix},$$

所以，

$k\begin{pmatrix}-1\\0\\1\end{pmatrix}$ 是矩阵 $\boldsymbol{A}$ 的对应于 $\lambda=-1$ 的全部特征向量，其中 c 为不为零的任意常数.

例 4 设 λ 是方阵 $\boldsymbol{A}$ 的特征值，证明：

(1) λ^2 是 $\boldsymbol{A}^2$ 的特征值.

(2) 当 $\boldsymbol{A}$ 可逆时，$\dfrac{1}{\lambda}$ 是 $\boldsymbol{A}^{-1}$ 的特征值.

证　因为 λ 是方阵 $\boldsymbol{A}$ 的特征值，故有 $\boldsymbol{x}\neq\boldsymbol{0}$，使 $\boldsymbol{A}\boldsymbol{x}=\lambda\boldsymbol{x}$，于是

(1) $\boldsymbol{A}^2\boldsymbol{x}=\boldsymbol{A}(\boldsymbol{A}\boldsymbol{x})=\boldsymbol{A}(\lambda\boldsymbol{x})=\lambda(\boldsymbol{A}\boldsymbol{x})=\lambda^2\boldsymbol{x}$，所以 λ^2 是 $\boldsymbol{A}^2$ 的特征值.

(2) 当 $\boldsymbol{A}$ 可逆时，由 $\boldsymbol{A}\boldsymbol{x}=\lambda\boldsymbol{x}$，有 $\boldsymbol{x}=\lambda\boldsymbol{A}^{-1}\boldsymbol{x}$，因为 $\boldsymbol{x}\neq\boldsymbol{0}$ 知 $\lambda\neq0$，故 $\boldsymbol{A}^{-1}\boldsymbol{x}=\dfrac{1}{\lambda}\boldsymbol{x}$，

所以当 A 可逆时，$\dfrac{1}{\lambda}$ 是 A^{-1} 的特征值.

这证明了矩阵可逆的必要条件为矩阵的特征值不全为零.

按此类推，不难证明：若 λ 是方阵 A 的特征值，则 λ^k 是方阵 A^k 的特征值；$\varphi(\lambda)$ 是 $\varphi(A)$ 的特征值，其中 $\varphi(\lambda)=a_0+a_1\lambda+a_2\lambda^2+\cdots+a_m\lambda^m$ 是 λ 的多项式；$\varphi(A)=a_0E+a_1A+a_2A^2+\cdots+a_mA^m$ 的矩阵 A 的多项式.

当 A 可逆时，$\varphi(\lambda^{-1})=a_0+a_1\lambda^{-1}+a_2\lambda^{-2}+\cdots+a_m\lambda^{-m}$ 是 $\varphi(A^{-1})=a_0E+a_1A^{-1}+a_2A^{-2}+\cdots+a_mA^{-m}$ 的特征值.

定理 1　设 λ_1，λ_2，…，λ_m 是方阵的 m 个不同的特征值，x_1，x_2，…，x_m 是与之对应的特征向量，则 x_1，x_2，…，x_m 线性无关.

证　用数学归纳法证明.

当 $m=1$ 时，由于特征向量不为零，因此定理成立.

设 A 的 $m-1$ 个互不相同的特征值 λ_1，λ_2，…，λ_{m-1}，其对应的特征向量 x_1，x_2，…，x_{m-1} 线性无关. 现证明对 m 个互不同相同的特征值 λ_1，λ_2，…，λ_m，其对应的特征向量 x_1，x_2，…，x_m 线性无关.

设有常数使

$$k_1x_1+k_2x_2+\cdots+k_{m-1}x_{m-1}+k_mx_m=\mathbf{0} \tag{1}$$

成立，以矩阵 A 及 λ_m 乘(1) 式两端，由 $Ax=\lambda x$ 整理后得，

$$k_1\lambda_mx_1+k_2\lambda_mx_2+\cdots+k_{m-1}\lambda_mx_{m-1}+k_m\lambda_mx_m=\mathbf{0}, \tag{2}$$

$$k_1\lambda_1x_1+k_2\lambda_2x_2+\cdots+k_{m-1}\lambda_{m-1}x_{m-1}+k_m\lambda_mx_m=\mathbf{0}, \tag{3}$$

由(3) 式减去(2) 式得

$$k_1(\lambda_1-\lambda_m)x_1+k_2(\lambda_2-\lambda_m)x_2+\cdots+k_{m-1}(\lambda_{m-1}-\lambda_m)x_{m-1}=\mathbf{0},$$

由归纳假设 x_1，x_2，…，x_{m-1} 线性无关，于是 $k_i(\lambda_i-\lambda_m)=0(i=1,2,\cdots,m-1)$，因 $\lambda_i\neq\lambda_m(i=1,2,\cdots,m-1)$，因此 $k_i=0(i=1,2,\cdots,m-1)$. 又因 $k_mx_m=\mathbf{0}$，而 $x_m\neq0$，则 $k_m=0$. 因此 x_1，x_2，…，x_m 线性无关.

例 5　设 λ_1 和 λ_2 是矩阵 A 的两个不同的特征值，对应的特征向量依次为 x_1，x_1，证明 x_1+x_2 不是 A 的特征向量.

证　由已知，有 $Ax_1=\lambda_1x_1$，$Ax_2=\lambda_2x_2$，故 $A(x_1+x_2)=\lambda_1x_1+\lambda_2x_2$.

假设 x_1+x_2 是 A 的特征向量，则应存在数 λ，使 $A(x_1+x_2)=\lambda(x_1+x_2)$，于是 $\lambda(x_1+x_2)=\lambda_1x_1+\lambda_2x_2$，即 $(\lambda_1-\lambda)x_1+(\lambda_2-\lambda)x_2=\mathbf{0}$，因 $\lambda_1\neq\lambda_2$，则 x_1，x_2 线性无关. 所以有 $\lambda_1-\lambda=\lambda_2-\lambda=0$，即 $\lambda_1=\lambda_2$，这与已知矛盾. 因此 x_1+x_2 不是 A 的特征向量.

定理 2　设 n 阶矩阵 $A=(a_{ij})$ 的特征值为 λ_1，λ_2，…，λ_n，则有

(1) $\lambda_1+\lambda_2+\cdots+\lambda_n=a_{11}+a_{22}+\cdots+a_{nn}$；

(2) $\lambda_1\lambda_2\cdots\lambda_n=|A|$.

证　因为

$$|\lambda\boldsymbol{E}-\boldsymbol{A}|=\begin{vmatrix} a_{11}-\lambda & a_{12} & \cdots & a_{1n} \\ a_{21} & a_{22}-\lambda & \cdots & a_{2n} \\ & \vdots & & \vdots \\ a_{n1} & a_{n2} & \cdots & a_{nn}-\lambda \end{vmatrix}$$

$$=(-1)^n\lambda^n-(a_{11}+\cdots+a_{nn})\lambda^{n-1}+\cdots+a.$$

由多项式的分解定理，有

$$|\lambda\boldsymbol{E}-\boldsymbol{A}|=(\lambda_1-\lambda)(\lambda_2-\lambda)\cdots(\lambda_n-\lambda),$$

比较 λ^{n-1} 的系数，得

$$\lambda_1+\lambda_2+\cdots+\lambda_n=a_{11}+a_{22}+\cdots+a_{nn}.$$

又 $|\boldsymbol{A}|=|\boldsymbol{A}-0\boldsymbol{E}|=\lambda_1\lambda_2\cdots\lambda_n$，则定理得证.

数 $a_{11}+a_{22}+\cdots+a_{nn}$ 称为**方阵 $\boldsymbol{A}$ 的迹**，记作 $\mathrm{tr}(\boldsymbol{A})$.

5.2　相似矩阵与对角化

在 5.1 节的例 1 中矩阵 $\boldsymbol{A}=\begin{pmatrix}2 & 1\\1 & 2\end{pmatrix}$ 有特征值 1，3，相应的特征向量为 $\boldsymbol{\alpha}_1=\begin{pmatrix}1\\-1\end{pmatrix}$，$\boldsymbol{\alpha}_2=\begin{pmatrix}1\\1\end{pmatrix}$，$\boldsymbol{A}\boldsymbol{\alpha}_1=1\begin{pmatrix}1\\-1\end{pmatrix}$，$\boldsymbol{A}\boldsymbol{\alpha}_2=3\begin{pmatrix}1\\1\end{pmatrix}$. 令 $\boldsymbol{P}=(\boldsymbol{\alpha}_1,\boldsymbol{\alpha}_2)=\begin{pmatrix}1 & 1\\-1 & 1\end{pmatrix}$，则 $\boldsymbol{AP}=\boldsymbol{P}\begin{pmatrix}1 & 0\\0 & 3\end{pmatrix}$，而 $\boldsymbol{P}^{-1}=\dfrac{1}{2}\begin{pmatrix}1 & -1\\1 & 1\end{pmatrix}$，所以 $\boldsymbol{P}^{-1}\boldsymbol{AP}=\begin{pmatrix}1 & 0\\0 & 3\end{pmatrix}$.

即通过可逆矩阵 $\boldsymbol{P}$，将矩阵 $\boldsymbol{A}$ 化为对角矩阵，这个过程称为相似变换.

定义 5.2　设 $\boldsymbol{A}$，$\boldsymbol{B}$ 都是 n 阶矩阵，若存在可逆矩阵 $\boldsymbol{P}$，使得 $\boldsymbol{P}^{-1}\boldsymbol{AP}=\boldsymbol{B}$，则称 $\boldsymbol{B}$ 是 $\boldsymbol{A}$ 的相似矩阵，或称矩阵 $\boldsymbol{A}$ 与 $\boldsymbol{B}$ 相似，对 $\boldsymbol{A}$ 进行运算 $(\boldsymbol{P}^{-1}\boldsymbol{AP})$ 称为对 $\boldsymbol{A}$ 进行相似变换，可逆矩阵 $\boldsymbol{P}$ 称为把 $\boldsymbol{A}$ 变成 $\boldsymbol{B}$ 的相似变换矩阵.

“相似”是矩阵之间的一种关系，它具有以下**性质**(读者自己证明)：

(1) **反身性**：对任意的方阵 $\boldsymbol{A}$，$\boldsymbol{A}$ 与 $\boldsymbol{A}$ 相似；

(2) **对称性**：若 $\boldsymbol{A}$ 与 $\boldsymbol{B}$ 相似，则 $\boldsymbol{B}$ 与 $\boldsymbol{A}$ 相似；

(3) **传递性**：若 $\boldsymbol{A}$ 与 $\boldsymbol{B}$ 相似，$\boldsymbol{B}$ 与 $\boldsymbol{C}$ 相似，则 $\boldsymbol{A}$ 与 $\boldsymbol{C}$ 相似.

矩阵的相似关系是一等价关系，可以将同阶的矩阵进行等价分类，即把所有相互相似的矩阵归为一类. 下面将探讨同类的相似矩阵有什么样的共性，相似变换的不变量是什么.

相似矩阵具有以下**性质**：

性质 1　相似矩阵的秩和行列式都相同.

证　因为 $\boldsymbol{A}$ 与 $\boldsymbol{B}$ 相似，所以存在可逆矩阵 $\boldsymbol{P}$，使 $\boldsymbol{P}^{-1}\boldsymbol{A}\boldsymbol{P}=\boldsymbol{B}$，因此 $R(\boldsymbol{A})=R(\boldsymbol{B})$，且 $|\boldsymbol{B}|=|\boldsymbol{P}^{-1}\boldsymbol{A}\boldsymbol{P}|=|\boldsymbol{P}^{-1}||\boldsymbol{A}||\boldsymbol{P}|=|\boldsymbol{A}|$.

性质 2　相似矩阵有相同的可逆性，且可逆时其逆也相似.

证　性质 1 有 $|\boldsymbol{B}|=|\boldsymbol{A}|$，所以它们的可逆性相同. 设 $\boldsymbol{A}$ 与 $\boldsymbol{B}$ 相似，且 $\boldsymbol{A}$ 可逆，则 $\boldsymbol{B}$ 也可逆，且 $\boldsymbol{B}^{-1}=(\boldsymbol{P}^{-1}\boldsymbol{A}\boldsymbol{P})^{-1}=\boldsymbol{P}^{-1}\boldsymbol{A}^{-1}\boldsymbol{P}$，即 $\boldsymbol{A}^{-1}$ 与 $\boldsymbol{B}^{-1}$ 相似.

性质 3　相似矩阵的幂仍相似，即如果 $\boldsymbol{A}$ 与 $\boldsymbol{B}$ 相似，则对任意的正整数 n，$\boldsymbol{A}^n$ 与 $\boldsymbol{B}^n$ 相似.（读者自证）.

定理 1　若 $\boldsymbol{A}$ 与 $\boldsymbol{B}$ 同为 n 阶方阵，则 $\boldsymbol{A}$ 与 $\boldsymbol{B}$ 特征多项式相同，从而 $\boldsymbol{A}$ 与 $\boldsymbol{B}$ 的特征值也相同.

证　因为 $\boldsymbol{A}$ 与 $\boldsymbol{B}$ 相似，所以有可逆矩阵 $\boldsymbol{P}$，使 $\boldsymbol{P}^{-1}\boldsymbol{A}\boldsymbol{P}=\boldsymbol{B}$，因此

$$\begin{aligned}|\boldsymbol{B}-\lambda\boldsymbol{E}|&=|\boldsymbol{P}^{-1}\boldsymbol{A}\boldsymbol{P}-\lambda\boldsymbol{E}|=|\boldsymbol{P}^{-1}\boldsymbol{A}\boldsymbol{P}-\boldsymbol{P}^{-1}\lambda\boldsymbol{E}\boldsymbol{P}|\\&=|\boldsymbol{P}^{-1}(\boldsymbol{A}-\lambda\boldsymbol{E})\boldsymbol{P}|=|\boldsymbol{P}^{-1}||\boldsymbol{A}-\lambda\boldsymbol{E}||\boldsymbol{P}|,\end{aligned}$$

所以 $\boldsymbol{A}$ 与 $\boldsymbol{B}$ 的特征值也相同.

显然，通过定理 1 我们可以知道：

(1) 若两个矩阵的特征值相同，但矩阵也不一定相似；

(2) 若 $\boldsymbol{A}$ 与 $\boldsymbol{B}$ 相似，则 $\boldsymbol{A}$ 与 $\boldsymbol{B}$ 的对角线元素之和相等.

推论 1　若 n 阶方阵 $\boldsymbol{A}$ 与对角矩阵 $\boldsymbol{\Lambda}=\mathrm{diag}(\lambda_1, \lambda_2, \cdots, \lambda_n)$ 相似，则 λ_1，λ_2，…，λ_n 是 $\boldsymbol{A}$ 的 n 个特征值.

证　因为 λ_1，λ_2，…，λ_n 是 $\boldsymbol{\Lambda}$ 的 n 个特征值，由定理 1 知，λ_1，λ_2，…，λ_n 也是 $\boldsymbol{A}$ 的 n 个特征值.

如果矩阵 n 与对角矩阵 $\boldsymbol{\Lambda}=\mathrm{diag}(\lambda_1, \lambda_2, \cdots, \lambda_n)$ 相似，则有

$$\boldsymbol{P}^{-1}\boldsymbol{A}\boldsymbol{P}=\boldsymbol{\Lambda}=\begin{pmatrix}\lambda_1 & 0 & 0 & 0\\ 0 & \lambda_2 & 0 & 0\\ 0 & 0 & \ddots & 0\\ 0 & 0 & 0 & \lambda_n\end{pmatrix}, \boldsymbol{A}=\boldsymbol{P}^{-1}\boldsymbol{\Lambda}\boldsymbol{P},$$

$$\boldsymbol{A}^k=(\boldsymbol{P}^{-1}\boldsymbol{\Lambda}\boldsymbol{P})(\boldsymbol{P}^{-1}\boldsymbol{\Lambda}\boldsymbol{P})\cdots(\boldsymbol{P}^{-1}\boldsymbol{\Lambda}\boldsymbol{P})=\boldsymbol{P}\boldsymbol{\Lambda}^k\boldsymbol{P}^{-1}=\boldsymbol{P}\begin{pmatrix}\lambda_1^k & 0 & 0 & 0\\ 0 & \lambda_2^k & 0 & 0\\ 0 & 0 & \ddots & 0\\ 0 & 0 & 0 & \lambda_n^k\end{pmatrix}\boldsymbol{P}^{-1}.$$

若 $\varphi(\lambda)$ 为 λ 的多项式，矩阵多项式 $\varphi(\boldsymbol{A})$ 可由下式得到

$$\varphi(\boldsymbol{A})=\boldsymbol{P}\begin{pmatrix}\varphi(\lambda_1) & & & \\ & \varphi(\lambda_2) & & \\ & & \ddots & \\ & & & \varphi(\lambda_n)\end{pmatrix}\boldsymbol{P}^{-1},$$

所以，由此可方便的计算 $\boldsymbol{A}$ 的多项式 $\varphi(\boldsymbol{A})$.

例1 设 $A=\begin{pmatrix}3 & 1\\5 & -1\end{pmatrix}$，求 A^n.

解 矩阵 A 的特征方程为

$$|\lambda E-A|=\begin{vmatrix}\lambda-3 & -1\\5 & \lambda+1\end{vmatrix}=0,$$

化简整理，得 $(\lambda-4)(\lambda+2)=0$.
所以，矩阵有两个不同的特征值：$\lambda_1=4$，$\lambda_2=-2$.

当 $\lambda_1=4$ 时，得其基础解系 $p_1=\begin{pmatrix}1\\1\end{pmatrix}$；当 $\lambda_2=-2$ 时，得其基础解系 $p_2=\begin{pmatrix}1\\-5\end{pmatrix}$.

另，$P=(p_1,\ p_2)=\begin{pmatrix}1 & 1\\1 & -5\end{pmatrix}$，则

$$P^{-1}=\begin{pmatrix}\frac{5}{6} & \frac{1}{6}\\ \frac{1}{6} & -\frac{1}{6}\end{pmatrix},\ P^{-1}AP=\begin{pmatrix}4 & 0\\0 & -2\end{pmatrix}=\Lambda P^{-1}A^nP=\Lambda^n=\begin{pmatrix}4^n & 0\\0 & (-2)^n\end{pmatrix},$$

所以

$$\begin{aligned}A^n=P\Lambda^nP^{-1}&=\frac{1}{6}\begin{pmatrix}1 & 1\\1 & -5\end{pmatrix}\begin{pmatrix}4^n & 0\\0 & (-2)^n\end{pmatrix}\begin{pmatrix}5 & 1\\1 & -1\end{pmatrix}\\&=\frac{1}{6}\begin{pmatrix}5\times4^n+(-2)^n & 4^n-(-2)^n\\5\times4^n-5\times(-2)^n & 4^n+5\times(-2)^n\end{pmatrix}.\end{aligned}$$

由此可见，一个和对角矩相似的矩阵具有良好的性质，但并不是每一个 n 阶矩阵都能和一个对角矩阵相似. 例如矩阵 $A=\begin{pmatrix}2 & -1 & 1\\0 & 3 & -1\\2 & 1 & 3\end{pmatrix}$，特征根2，4对应的基础解系分别为 $\begin{pmatrix}-1\\1\\1\end{pmatrix}$，$\begin{pmatrix}1\\-1\\1\end{pmatrix}$，不能确定一个相似变换 P，使得 $P^{-1}AP=\Lambda$. 那么究竟什么样的方阵能对角化？相似变换 P 有什么样的特点呢？

假设方阵 A 已经对角化，即已找到可逆矩阵 P，使 $P^{-1}AP=\Lambda$ 为对角阵，以此来讨论 P 应满足的条件.

把 P 用其列向量表示为 $P=(p_1,\ p_2,\ \cdots,\ p_n)$，由 $P^{-1}AP=\Lambda$，得 $AP=P\Lambda$，即

$$\begin{aligned}A(p_1,\ p_2,\ \cdots,\ p_n)&=(p_1,\ p_2,\ \cdots,\ p_n)\begin{pmatrix}\lambda_1 & & & \\ & \lambda_2 & & \\ & & \ddots & \\ & & & \lambda_n\end{pmatrix}\\&=(\lambda_1p_1,\ \lambda_2p_2,\ \cdots,\ \lambda_np_n),\end{aligned}$$

于是有 $\boldsymbol{A}\boldsymbol{p}_i=\lambda_i\boldsymbol{p}_i\,(i=1,\ 2,\ \cdots,\ n)$.

可见 λ_i 是 $\boldsymbol{A}$ 的特征值，相似变换矩阵矩阵 $\boldsymbol{P}$ 的列向量 $\boldsymbol{p}_i$，就是 $\boldsymbol{A}$ 的对应于特征值 λ_i 的特征向量.

由于任何 n 阶方阵 $\boldsymbol{A}$ 有 n 个特征值，并可对应地求得 n 个特征向量，这 n 个特征向量即可构成矩阵 $\boldsymbol{P}$，使 $\boldsymbol{AP}=\boldsymbol{P\Lambda}$，但不能保证这 n 个特征向量时线性相关的. 因此，就不能保证 $\boldsymbol{P}$ 是可逆矩阵，仅此得不出 $\boldsymbol{A}$ 可对角化的结论，但是却可得定理 2.

定理 2 n 阶方阵 $\boldsymbol{A}$ 与对角阵相似(即 $\boldsymbol{A}$ 能对角化) 的充分必要条件是 $\boldsymbol{A}$ 有 n 个线性无关的特征向量.

结合 5.1 节的定理 1，可以得推论 2.

推论 2 如果 n 阶方阵 $\boldsymbol{A}$ 的 n 个特征值互不相等，则 $\boldsymbol{A}$ 与对角阵相似.

例如 5.1 节中的例 1 就可以对角化.

当 $\boldsymbol{A}$ 的特征方程有重根时，就不一定有 n 个线性无关的特征向量，从而不一定能对角化. 例如 5.1 节中的例 2、例 3，$\boldsymbol{A}$ 的特征方程有重根，却找不到 3 个线性无关的特征向量. 因此，该矩阵不能对角化. 而有的矩阵的特征方程有重根，但能找到线性无关的特征向量. 因此，该矩阵可以对角化.

例如，矩阵 $\boldsymbol{A}=\begin{pmatrix}4 & 6 & 0\\ -3 & -5 & 0\\ -3 & -6 & 1\end{pmatrix}$ 的特征值为 $\lambda_1=\lambda_2=1$，$\lambda_3=-2$，它们分别对应的特征向量为 $\boldsymbol{p}_1=\begin{pmatrix}-2\\ 1\\ 0\end{pmatrix}$，$\boldsymbol{p}_2=\begin{pmatrix}0\\ 0\\ 1\end{pmatrix}$，$\boldsymbol{p}_3=\begin{pmatrix}-1\\ 1\\ 1\end{pmatrix}$，易证 $\boldsymbol{p}_1$，$\boldsymbol{p}_2$，$\boldsymbol{p}_3$ 线性无关，所以矩阵 $\boldsymbol{A}$ 可以对角化.

5.3 实对称矩阵的对角化

判别一个方阵对角化时应满足什么条件的方法比较复杂，但是如果 n 阶方阵是实对称矩阵，则一定可以对角化. 不仅可以对角化，而且实对称矩阵的相似变换矩阵还是正交阵. 下面不加证明的给出以下定理：

定理 1 设 $\boldsymbol{A}$ 为 n 阶实对称矩阵，则必有正交阵 $\boldsymbol{P}$，使 $\boldsymbol{P}^{-1}\boldsymbol{AP}=\boldsymbol{P}^{\mathrm{T}}\boldsymbol{AP}=\boldsymbol{\Lambda}$，其中 $\boldsymbol{\Lambda}$ 是以 $\boldsymbol{A}$ 的 n 个特征值为对角元的对角矩阵.

例 1 求一个正交矩阵 $\boldsymbol{P}$，使 $\boldsymbol{P}^{-1}\boldsymbol{AP}=\boldsymbol{\Lambda}$ 为对角阵，其中 $\boldsymbol{A}=\begin{pmatrix}1 & -2 & 0\\ -2 & 2 & -2\\ 0 & -2 & 3\end{pmatrix}$.

解 由 $\boldsymbol{A}$ 的特征多项式

$$|\lambda E - A| = \begin{vmatrix} \lambda-1 & 2 & 0 \\ 2 & \lambda-2 & 2 \\ 0 & 2 & \lambda-3 \end{vmatrix} = 0.$$

得$\lambda_1=-1$，$\lambda_2=2$，$\lambda_3=5$.

当$\lambda_1=-1$时，解齐次线性方程组$(-E-A)X=\mathbf{0}$，得基础解系$p_1=(2,2,1)T$，将p_1单位化，得$e_1=\frac{1}{3}(2,2,1)^T$.

当$\lambda_2=2$时，解齐次线性方程组$(2E-A)X=\mathbf{0}$，得基础解系$p_2=(2,-1,-2)^T$，将p_2单位化，得$e_2=\frac{1}{3}(2,-1,-2)^T$.

当$\lambda_3=5$时，解齐次线性方程组$(5E-A)X=\mathbf{0}$，得基础解系$p_3=(1,-2,2)^T$，将p_3单位化，得$e_3=\frac{1}{3}(1,-2,2)^T$.

由e_1，e_2，e_3构成正交矩阵.

$$P=(e_1, e_2, e_3)=\begin{pmatrix} \frac{2}{3} & \frac{2}{3} & \frac{1}{3} \\ \frac{2}{3} & -\frac{1}{3} & -\frac{2}{3} \\ \frac{1}{3} & -\frac{2}{3} & \frac{2}{3} \end{pmatrix}.$$

有

$$P^{-1}AP=P^TAP=\Lambda=\begin{pmatrix} -1 & 0 & 0 \\ 0 & 2 & 0 \\ 0 & 0 & 5 \end{pmatrix}.$$

例2　设$A=\begin{pmatrix} 1 & 1 & 1 \\ 1 & 1 & 1 \\ 1 & 1 & 1 \end{pmatrix}$，求一个正交矩阵$P$，使$P^{-1}AP=\Lambda$为对角阵.

解　由A的特征多项式

$$|\lambda E - A| = \begin{vmatrix} \lambda-1 & -1 & -1 \\ -1 & 1-\lambda & -1 \\ -1 & -1 & 1-\lambda \end{vmatrix} = 0,$$

得特征根$\lambda_1=\lambda_2=0$，$\lambda_3=3$.

当$\lambda_1=\lambda_2=0$时，解齐次线性方程组$(-A)X=\mathbf{0}$，
得基础解系

$$\xi_1=(1,-1,0)^T,\ \xi_2=(1,0,-1)^T,$$

将ξ_1，ξ_2正交化，取

$$\eta_1=\xi_1\eta_2=\xi_2-\frac{\langle\eta_1,\xi_2\rangle}{\langle\eta_1,\eta_1\rangle}\eta_1=\frac{1}{2}(1,1,-2)^T,$$

再将 $\boldsymbol{\eta}_1$，$\boldsymbol{\eta}_2$ 单位化，

得 $\boldsymbol{p}_1=\frac{1}{\sqrt{2}}(1,\ -1,\ 0)^{\mathrm{T}}\boldsymbol{p}_2=\frac{1}{\sqrt{6}}(1,\ 1,\ -2)$.

当 $\lambda_3=3$ 时，解齐次线性方程组 $(5\boldsymbol{E}-\boldsymbol{A})\boldsymbol{X}=\boldsymbol{0}$，得基础解系 $\boldsymbol{\xi}_3=(1,\ 1,\ 1)^{\mathrm{T}}$，将 $\boldsymbol{\xi}_3$ 单位化，得 $\boldsymbol{p}_3=\frac{1}{\sqrt{3}}(1,\ 1,\ 1)^{\mathrm{T}}$.

由 $\boldsymbol{p}_1$，$\boldsymbol{p}_2$，$\boldsymbol{p}_3$ 构成正交阵

$$\boldsymbol{P}=(\boldsymbol{p}_1,\ \boldsymbol{p}_2,\ \boldsymbol{p}_3)=\begin{pmatrix}\frac{1}{\sqrt{2}} & \frac{1}{\sqrt{6}} & \frac{1}{\sqrt{3}}\\ -\frac{1}{\sqrt{2}} & \frac{1}{\sqrt{6}} & \frac{1}{\sqrt{3}}\\ 0 & -\frac{2}{\sqrt{6}} & \frac{1}{\sqrt{3}}\end{pmatrix},$$

则有

$$\boldsymbol{P}^{-1}\boldsymbol{A}\boldsymbol{P}=\boldsymbol{P}^{\mathrm{T}}\boldsymbol{A}\boldsymbol{P}=\boldsymbol{\Lambda}=\begin{pmatrix}0 & 0 & 0\\ 0 & 0 & 0\\ 0 & 0 & 3\end{pmatrix}.$$

5.4　二次型及其标准型

对于平面上的二次曲线：$ax^2+bxy+cy^2=1$，可以选择适当的坐标进行旋转变换：$\begin{cases}x=x'\cos\theta-y'\sin\theta,\\ y=x'\sin\theta+y'\cos\theta\end{cases}$ 消去交叉项，把方程化为标准型：$mx'^2+ny'^2=1$，由于坐标旋转不改变图形的形状，从变形后的方程很容易判别曲线的类型.

定义 5.3　含有 n 个变量 x_1，x_2，…，x_n 的二次齐次函数

$$\begin{aligned}f(x_1,\ x_2,\ \cdots,\ x_n)=&b_{11}x_1^2+b_{12}x_1x_2+\cdots+b_{1n}x_1x_n+b_{22}x_2^2\\ &+b_{23}x_2x_3+\cdots+b_{2n}x_2x_n+\cdots+b_{n-1,\ n}x_{n-1}x_n+b_{nn}x_n^2\end{aligned}\tag{5.2}$$

的 n 元二次齐次多项式称为 x_1，x_2，…，x_n 的二次型，简称 n 元二次型. 其中，b_{ij} 称为乘积项 x_ix_j 的系数.

当式(5.2)的全部系数均为实数时，称为实二次型；当式(5.2)的系数允许有复数时，称为复次型(本书只讨论实二次型).

若记 $a_{ii}=b_{ii}$，$a_{ij}=a_{ji}=\frac{1}{2}b_{ij}(i\neq j)$，则有 $a_{ij}=a_{ji}(i,\ j=1,\ 2,\ \cdots,\ n)$，且

$$\begin{aligned}f(x_1,\ x_2,\ \cdots,\ x_n)=&a_{11}x_1^2+a_{12}x_1x_2+\cdots+a_{1n}x_1x_n+a_{21}x_2x_1+a_{22}x_2^2\\ &+\cdots+a_{2n}x_2x_n+\cdots+a_{n1}x_nx_1+a_{n2}x_nx_2+\cdots+a_{nn}x_n^2\end{aligned}$$

$$
=(x_1, x_2, \cdots, x_n)\begin{pmatrix} a_{11} & a_{12} & \cdots & a_{1n} \\ a_{21} & a_{22} & \cdots & a_{2n} \\ \vdots & \vdots & & \vdots \\ a_{n1} & a_{n2} & \cdots & a_{nn} \end{pmatrix}\begin{pmatrix} x_1 \\ x_2 \\ \vdots \\ x_n \end{pmatrix} \tag{5.3}
$$

$$
=\sum_{i=1}^{n}\sum_{j=1}^{n} a_{ij}x_i x_j .
$$

若记 $\boldsymbol{A}=\begin{pmatrix} a_{11} & a_{12} & \cdots & a_{1n} \\ a_{21} & a_{22} & \cdots & a_{2n} \\ \vdots & \vdots & & \vdots \\ a_{n1} & a_{n2} & \cdots & a_{nn} \end{pmatrix}$，$\boldsymbol{x}=\begin{pmatrix} x_1 \\ x_2 \\ \vdots \\ x_n \end{pmatrix}$，则式(5.3)可记为

$$
f(\boldsymbol{x})=\boldsymbol{x}^{\mathrm{T}}\boldsymbol{A}\boldsymbol{x} . \tag{5.4}
$$

式(5.3)和式(5.4)称为二次型的矩阵表示．在 $a_{ij}=a_{ji}$ 的规定下，显然 $\boldsymbol{A}$ 为实对称阵，且 $\boldsymbol{A}$ 与二次型是一一对应的．因此，实对称阵 $\boldsymbol{A}$ 又称为二次型的矩阵，$\boldsymbol{A}$ 的秩称为二次型的秩.

例1 求二次型 $f(x_1, x_2, \cdots, x_n)=x_1^2-3x_2^2-4x_1x_2+x_2x_3$ 的矩阵.

解 二次型有三个标量，所以对应三阶对称阵，a_{ii} 为 x_i^2 的系数，$a_{ij}=a_{ji}$ 为 x_ix_j 系数的一半，由此可得

$$
\boldsymbol{A}=\begin{pmatrix} 1 & -2 & 0 \\ -2 & -3 & \frac{1}{2} \\ 0 & \frac{1}{2} & 0 \end{pmatrix},
$$

$$
f(x_1, x_2, x_3)=(x_1, x_2, x_3)\begin{pmatrix} 1 & -2 & 0 \\ -2 & -3 & \frac{1}{2} \\ 0 & \frac{1}{2} & 0 \end{pmatrix}\begin{pmatrix} x_1 \\ x_2 \\ x_3 \end{pmatrix}.
$$

对于二次型，我们讨论的主要问题是：寻求可逆的线性变换.

$$
\begin{cases} x_1=c_{11}y_1+c_{12}y_2+\cdots+c_{1n}y_n, \\ x_2=c_{21}y_1+c_{22}y_2+\cdots+c_{2n}y_n, \\ \qquad\vdots \\ x_n=c_{n1}y_1+c_{n2}y_2+\cdots+c_{nn}y_n, \end{cases}
$$

即 $\boldsymbol{x}=\boldsymbol{C}\boldsymbol{y}$.

使二次型化为只含有平方项的二次型：

$$
f=k_1y_1^2+k_2y_2^2+\cdots+k_ny_n^2,
$$

这种只含有平方项的二次型，称为二次型的标准型(或法式).

如果标准型的系数k_1，k_2，…，k_n只在1，-1，0三个数中取值，也就是

$$f=y_1^2+y_2^2+\cdots+y_p^2-y_{p+1}^2-\cdots-y_n^2$$

这种标准型称为**二次型的规范形**.

可逆的线性变换$\boldsymbol{x}=\boldsymbol{C}\boldsymbol{y}$在几何学上称为仿射变换. 对平面图形来说，相当于实行了旋转、压缩、反射三种变换，图形的类型不会改变，但大小、方向会该改变，大圆会变成小圆，或变成椭圆.

1. 用正交变换化二次型为标准型

二次型$f(x)=\boldsymbol{x}^{\mathrm{T}}\boldsymbol{A}\boldsymbol{x}$在线性变换$\boldsymbol{x}=\boldsymbol{C}\boldsymbol{y}$下，有$f(x)=(\boldsymbol{C}\boldsymbol{y})^{\mathrm{T}}\boldsymbol{A}\boldsymbol{x}(\boldsymbol{C}\boldsymbol{y})=\boldsymbol{y}^{\mathrm{T}}(\boldsymbol{C}^{\mathrm{T}}\boldsymbol{A}\boldsymbol{C})\boldsymbol{y}$，可见，若想使二次型经过可逆变换变成标准型，就要使$\boldsymbol{C}^{\mathrm{T}}\boldsymbol{A}\boldsymbol{C}$成为对角矩阵. 由5.3的定理1知，任给实对称矩阵，总有正交阵$\boldsymbol{P}$，使$\boldsymbol{P}^{-1}\boldsymbol{A}\boldsymbol{P}=\boldsymbol{P}^{\mathrm{T}}\boldsymbol{A}\boldsymbol{P}=\boldsymbol{\Lambda}$. 把此结论用于二次型，即有如下定理：

定理1 任给二次型$f(x)=\boldsymbol{x}^{\mathrm{T}}\boldsymbol{A}\boldsymbol{x}$，总有正交变换$\boldsymbol{x}=\boldsymbol{P}\boldsymbol{y}$，使$f$化为标准型

$$f=k_1y_1^2+k_2y_2^2+\cdots+k_ny_n^2.$$

其中，λ_1，λ_2，…，λ_n是f的矩阵$\boldsymbol{A}$的特征值.

在三维空间中，正交变换仅对图形实行了旋转和反射变换，它保持了两点的距离不变，从而不改变图形的形状和大小.

例2 求一个正交变换$\boldsymbol{x}=\boldsymbol{P}\boldsymbol{y}$，把二次型$f(x_1,x_2,x_3,x_4)=2x_1x_2-2x_3x_4$化为标准型.

解 二次型的矩阵为$\begin{pmatrix}0&1&0&0\\1&0&0&0\\0&0&0&-1\\0&0&-1&0\end{pmatrix}$.

它的特征多项式为

$$|\lambda\boldsymbol{E}-\boldsymbol{A}|=\begin{vmatrix}\lambda&-1&0&0\\-1&\lambda&0&0\\0&0&\lambda&1\\0&0&1&\lambda\end{vmatrix}=\begin{vmatrix}0&-1&0&0\\\lambda^2-1&\lambda&0&0\\0&0&\lambda&1\\0&0&1&\lambda\end{vmatrix}=\begin{vmatrix}0&-1&0&0\\\lambda^2-1&0&0&0\\0&0&\lambda&1\\0&0&1&\lambda\end{vmatrix}$$

$$=-(\lambda^2-1)\begin{vmatrix}-1&0&0\\0&\lambda&1\\0&1&\lambda\end{vmatrix}=-(\lambda-1)^2(\lambda+1)^2=0,$$

得特征值$\lambda_1=\lambda_2=1$，$\lambda_3=\lambda_4=-1$.

当$\lambda_1=\lambda_2=1$时，解方程$(\boldsymbol{E}-\boldsymbol{A})\boldsymbol{X}=\boldsymbol{0}$，得基础解系为

$$\begin{pmatrix}1\\1\\0\\0\end{pmatrix},\ \begin{pmatrix}0\\0\\-1\\1\end{pmatrix}.$$

显然两向量正交，将其单位化，得正交基础解系为

$$\boldsymbol{p}_1=\frac{1}{\sqrt{2}}\begin{pmatrix}1\\1\\0\\0\end{pmatrix},\ \boldsymbol{p}_2=\frac{1}{\sqrt{2}}\begin{pmatrix}0\\0\\-1\\1\end{pmatrix}.$$

当 $\lambda_3=\lambda_4=-1$ 时，有 $(-\boldsymbol{E}-\boldsymbol{A})\boldsymbol{X}=\boldsymbol{0}$，即基础解系为

$$\begin{pmatrix}-1\\1\\0\\0\end{pmatrix},\ \begin{pmatrix}0\\0\\1\\1\end{pmatrix}.$$

显然两向量正交，将其单位化，得正交基础解系为

$$\boldsymbol{p}_3=\frac{1}{\sqrt{2}}\begin{pmatrix}-1\\1\\0\\0\end{pmatrix},\ \boldsymbol{p}_4=\frac{1}{\sqrt{2}}\begin{pmatrix}0\\0\\1\\1\end{pmatrix}.$$

于是得正交变换为 $\boldsymbol{x}=(\boldsymbol{p}_1,\ \boldsymbol{p}_2,\ \boldsymbol{p}_3,\ \boldsymbol{p}_4)\boldsymbol{y}$，即

$$\begin{pmatrix}x_1\\x_2\\x_3\\x_4\end{pmatrix}=\begin{pmatrix}\frac{1}{\sqrt{2}} & 0 & -\frac{1}{\sqrt{2}} & 0\\ \frac{1}{\sqrt{2}} & 0 & \frac{1}{\sqrt{2}} & 0\\ 0 & -\frac{1}{\sqrt{2}} & 0 & \frac{1}{\sqrt{2}}\\ 0 & \frac{1}{\sqrt{2}} & 0 & \frac{1}{\sqrt{2}}\end{pmatrix}\begin{pmatrix}y_1\\y_2\\y_3\\y_4\end{pmatrix},$$

且有 $f=y_1^2+y_2^2-y_3^2-y_4^2$.

2. 用拉格朗日配方化二次型为标准型

配方法就是初等数学中的配完全平方的方法，我们通过例题来说明这种方法.

例 3　化二次型 $f=x_1^2+2x_2^2+5x_3^2+2x_1x_2+2x_1x_3+6x_2x_3$ 为标准形，并求所用的可逆线性变换.

解　由于 f 中含变量 x_1 的平方项，故先将所有包含 x_1 的项配成一个完全平

方，即

$$
\begin{aligned}
f &= x_1^2 + 2(x_2 + x_3)x_1 + 2x_2^2 + 5x_3^2 + 6x_2x_3 \\
&= x_1^2 + 2(x_2 + x_3)x_1 + (x_2 + x_3)^2 - (x_2 + x_3)^2 + 2x_2^2 + 5x_3^2 + 6x_2x_3 \\
&= (x_1 + x_2 + x_3)^2 + x_2^2 + 4x_2x_3 + x_3^2.
\end{aligned}
$$

再将所有包含 x_2 的项配成一个完全平方，得到

$$f = (x_1 + x_2 + x_3)^2 + (x_2 + 2x_3)^2.$$

于是，线性变换

$$
\begin{cases}
y_1 = x_1 + x_2 + x_3, \\
y_2 = x_2 + 2x_3, \\
y_3 = x_3,
\end{cases}
$$

即

$$
\begin{cases}
x_1 = y_1 - y_2 + x_3, \\
x_2 = y_2 - 2y_3, \\
x_3 = y_3,
\end{cases}
$$

把 f 化为标准形

$$f = y_1^2 + y_2^2，所用的可逆变换为 \boldsymbol{x} = \boldsymbol{C}\boldsymbol{y}，其中 \boldsymbol{C} = \begin{pmatrix} 1 & -1 & 1 \\ 0 & 1 & -2 \\ 0 & 0 & 1 \end{pmatrix}，且 |\boldsymbol{C}| = 1 \neq 0.$$

例 4 化二次型 $f = x_1x_2 + x_2x_3 + x_3x_1$ 为标准形，并求出所用的可逆线性变换.

解 在 f 中不含平方项，由于含有 x_1x_2 乘积项，故令

$$
\begin{cases}
x_1 = y_1 + y_2, \\
x_2 = y_1 - y_2, \\
x_3 = y_3,
\end{cases}
$$

代入可得

$$
\begin{aligned}
f &= (y_1 + y_2)(y_1 - y_2) + (y_1 - y_2)y_3 + (y_1 + y_2)y_3 \\
&= y_1^2 - y_2^2 + 2y_1y_3 = (y_1 + y_3)^2 - y_2^2 - y_3^2.
\end{aligned}
$$

令

$$
\begin{cases}
z_1 = y_1 + y_3, \\
z_2 = y_2, \\
z_3 = y_3,
\end{cases}
$$

即

$$
\begin{cases}
y_1 = z_1 - z_3, \\
y_2 = z_2, \\
y_3 = z_3,
\end{cases}
$$

化为标准形 $f = z_1^2 - z_2^2 - z_3^2$，所用的可逆线性变换为 $\boldsymbol{x} = \boldsymbol{C}\boldsymbol{z}$，其中

$$C=C_1C_2=\begin{pmatrix}1&1&0\\1&-1&0\\0&0&1\end{pmatrix}\begin{pmatrix}1&0&-1\\0&1&0\\0&0&1\end{pmatrix}=\begin{pmatrix}1&1&-1\\1&-1&-1\\0&0&1\end{pmatrix},$$

$$|C|=-2\neq 0.$$

一般的，任何二次型都可用例 3 和例 4 的方法找到可逆变换，把二次型化成标准形. 二次型的标准显然不是唯一的，它的标准形与所采用的可逆线性变换有关，但可逆线性变换不改变二次型的秩. 因而，在将一个二次型化为不同的标准形时，系数不等于零的平方项的项数总是相同的. 不仅如此，在限定变换为实变换时，标准形中正系数的个数是不变的(从而负系数的个数也不变).

习题 5

1. 求下列矩阵的特征值与特征向量.

(1) $A=\begin{pmatrix}3&1\\5&-1\end{pmatrix}$；　(2) $A=\begin{pmatrix}-3&4\\2&-1\end{pmatrix}$；

(3) $A=\begin{pmatrix}-1&1&0\\-4&3&0\\1&0&2\end{pmatrix}$；　(4) $A=\begin{pmatrix}-1&1&1\\1&-1&1\\1&1&-1\end{pmatrix}$；

(5) $A=\begin{pmatrix}1&1&1&1\\1&1&-1&-1\\1&-1&1&-1\\1&-1&-1&1\end{pmatrix}$；　(6) $A=\begin{pmatrix}1&3&1&2\\0&-1&1&3\\0&0&2&5\\0&0&0&2\end{pmatrix}$.

2. 已知 n 阶矩阵 A 的特征值为 λ，求

(1) kA 的特征值(k 为实数)；

(2) $A+E$ 的特征值.

3. 已知 A 为 n 阶矩阵，且满足 $A^2=A$，求证 A 的特征值只能为 0 或者 1.

4. 已知 $A=\begin{pmatrix}0&0&1\\x&1&0\\1&0&0\end{pmatrix}$ 有 3 个线性无关的特征向量，求 x.

5. 设 $A^2-3A+2E=O$，证明 A 的特征值只能是 1 或 2.

6. 设 A 为 n 阶矩阵，证明 A^{T} 与 A 的特征值相同.

7. 已知三阶矩阵 A 的特征值为 1，2，3，求 $|A^3-5A^2+7A|$.

8. 已知三阶矩阵 A 的特征值为 1，-1，2，设 $B=A^3-5A^2$，求 $|B|$，$|A-5E|$.

9. 设 A 为 n 阶矩阵，且满足 $A^2=A$，证明 $|3E-A|$ 可逆.

10. 设 A 为 n 阶正交阵，且 $|A|=-1$，证明 $E+A$ 不可逆.

11. 求一个正交相似变换，将下列实对称阵化为对角阵.

(1)$\begin{pmatrix} 2 & -2 & 0 \\ -2 & 1 & -2 \\ 0 & -2 & 0 \end{pmatrix}$；　　(2)$\begin{pmatrix} 2 & 2 & -2 \\ 2 & 5 & -4 \\ -2 & -4 & 5 \end{pmatrix}$.

12. 设矩阵 $\boldsymbol{A}=\begin{pmatrix} 1 & -1 \\ 2 & 4 \end{pmatrix}$，求 $\boldsymbol{A}^n$.

13. 设方阵 $\boldsymbol{A}=\begin{pmatrix} -1 & 2 & 4 \\ 2 & x & 2 \\ 4 & 2 & -1 \end{pmatrix}$ 与 $D=\begin{pmatrix} 5 & & \\ & y & \\ & & -5 \end{pmatrix}$ 相似，求 x，y.

14. 设三阶方阵 $\boldsymbol{A}$ 的特征值为 0，1，-1，$\boldsymbol{p}_1=\begin{pmatrix} 1 \\ 0 \\ 0 \end{pmatrix}$，$\boldsymbol{p}_2=\begin{pmatrix} 1 \\ 1 \\ 0 \end{pmatrix}$，$\boldsymbol{p}_3=\begin{pmatrix} 0 \\ 1 \\ 1 \end{pmatrix}$ 为依次对应的特征向量，求 $\boldsymbol{A}$ 及 $\boldsymbol{A}^{2n}$.

15. 设三阶方阵 $\boldsymbol{A}$ 的特征值为 $\lambda_1=1$，$\lambda_2=-1$，$\lambda_3=0$，对应的特征向量依次为 $\boldsymbol{p}_1=\begin{pmatrix} 1 \\ 2 \\ 2 \end{pmatrix}$，$\boldsymbol{p}_2=\begin{pmatrix} 2 \\ 1 \\ -2 \end{pmatrix}$，求 $\boldsymbol{A}$.

16. 设三阶方阵 $\boldsymbol{A}$ 的特征值为 $\lambda_1=-1$，$\lambda_2=\lambda_3=1$，对应于的特征向量为 $\boldsymbol{p}_1=\begin{pmatrix} 0 \\ 1 \\ 1 \end{pmatrix}$，求 $\boldsymbol{A}$.

17. 设三阶方阵 $\boldsymbol{A}$ 的特征值为 1，2，-3，求 $|\boldsymbol{A}^3-3\boldsymbol{A}+\boldsymbol{E}|$.

18. 已知 $\boldsymbol{\alpha}=(1,1,-1)^{\mathrm{T}}$ 是 $\boldsymbol{A}=\begin{pmatrix} 2 & -1 & 2 \\ 5 & a & 3 \\ -1 & b & -2 \end{pmatrix}$ 的一个特征向量.

(1) 试确定参数 a，b 及特征向量 $\boldsymbol{\alpha}$ 的所对应的特征值.

(2) 问 $\boldsymbol{A}$ 是否与对角阵相似?

19. 设 $\boldsymbol{A}$ 为二阶实矩阵，问

(1) 若 $|\boldsymbol{A}|<0$，$\boldsymbol{A}$ 是否可对角化?

(2) 设 $\boldsymbol{A}=\begin{pmatrix} a & b \\ c & d \end{pmatrix}$，其中 $ad-bc=1$，$|a+d|>2$，$\boldsymbol{A}$ 是否可对角化?

20. 写出下列二次型的矩阵.

(1)$x_1^2+2x_2^2-x_3^2+2x_1x_2-2x_2x_3$；

(2)$2x_1^2+4x_1x_2+7x_2^2+5x_1x_3+6x_2x_3-x_3^2$；

(3)$x_1^2+x_2^2+x_3^2+x_4^2-2x_1x_2+4x_1x_3-2x_1x_4+6x_2x_3-4x_2x_4$.

21. 写出下列矩阵的二次型.

(1)$\begin{pmatrix} 1 & -1 & 0 \\ -1 & 2 & 3 \\ 0 & 3 & 4 \end{pmatrix}$； (2)$\begin{pmatrix} 1 & 0 & 0 \\ 0 & -1 & 0 \\ 0 & 0 & 0 \end{pmatrix}$.

22. 求一个正交变换化下列二次型成为标准形.

(1)$f=x_1^2+2x_2^2+3x_3^2-4x_1x_2-4x_2x_3$；

(2)$f=x_1^2+3x_2^2+9x_3^2+19x_4^2-2x_1x_2+4x_1x_3+2x_1x_4-2x_2x_3+2x_3x_4$.

第6章　MATLAB软件在线性代数中的应用

通过对前5章内容的学习，我们已经掌握了线性代数中的一些基本概念和计算方法，对一些简单的问题，利用理论知识，可以笔算解决．但实际生活中，我们遇到的矩阵或行列式的阶数往往比较大，人工笔算实现极其困难．因此，借助计算机工具实现复杂的计算过程显得尤为重要．本章在熟悉MATLAB数学软件的基础上，旨在让学生学会如何运用该软件快速地实现线性代数中的基本运算，即基于MATLAB软件上机实现矩阵的运算、行列式的计算、线性方程组的求解、特征值的求解等基本操作.

6.1　MATLAB软件概述

MATLAB是一种功能强大的科学及工程计算软件，它的名字由MATRIX LABORATORY(矩阵实验室)缩写组合而来．最初是一种专门用于矩阵计算的软件，因此它具有以矩阵为基础的数学计算和分析能力，并且具有丰富的可视化图形表现功能及方便的程序设计能力.

时至今日，在许多高校，MATLAB已经成为线性代数、自动控制理论、数理统计、数字信号处理、图像识别、时间序列分析、动态系统仿真等课程的基本教学工具，在研究单位和工业部门，MATLAB也被广泛用于科学研究和解决各种具体问题.

一种语言之所以能如此广泛地普及，主要是因为它有自己独特的语言特点——简洁，它不像C语言和FORTRAN语言那样具有冗长的代码，而是给用户提供了一种更直观、更简洁的程序开发环境．其特点有：

(1) 语言简洁紧凑，使用方便灵活，库函数极其丰富；

(2) 运算符丰富，灵活使用运算符使程序变得简短；

(3) 具有结构化的控制语句和面向对象的编程特点；

(4) 图形功能强大；

(5) 具有强大的工具箱，且源程序具有开放性.

1. MATLAB的工作界面

进入MATLAB之后，得到如图6-1所示的界面，包括命令窗口(Command

Window)、历史命令(Command History) 窗口、当前目录(Current Folder) 窗口和工作空间(Workspace) 窗口．它的主要窗口是命令窗口，既是键入命令，也是显示计算结果的地方，每行语句都有一个“>>”命令提示符，在此符号后输入语句并按 Enter 键，MATLAB 就可以执行该语句，本章所有实验例题，都是在命令窗口中键入的；MATLAB 绘图时会自动弹出一个绘图窗口，如图 6-2 所示，专门用来显示绘制的图形．MATLAB 中的任何命令可以通过 help 详细查询，代码注释用“%”表示.

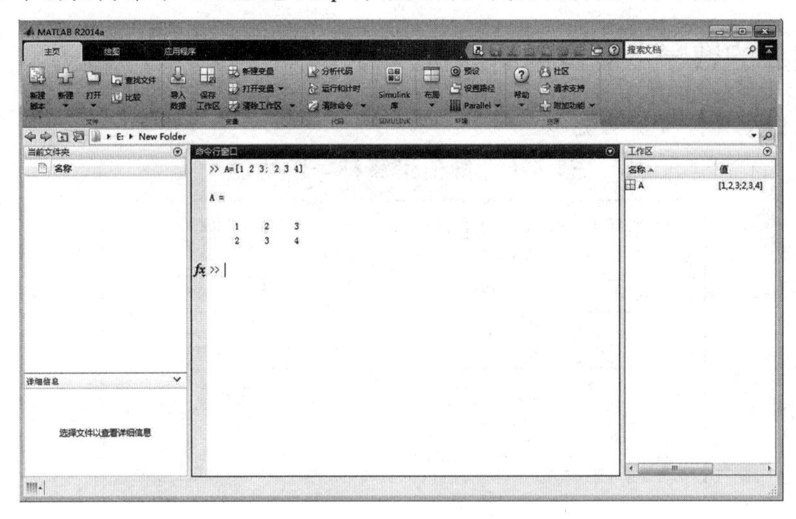

图 6-1　MATLAB 界面

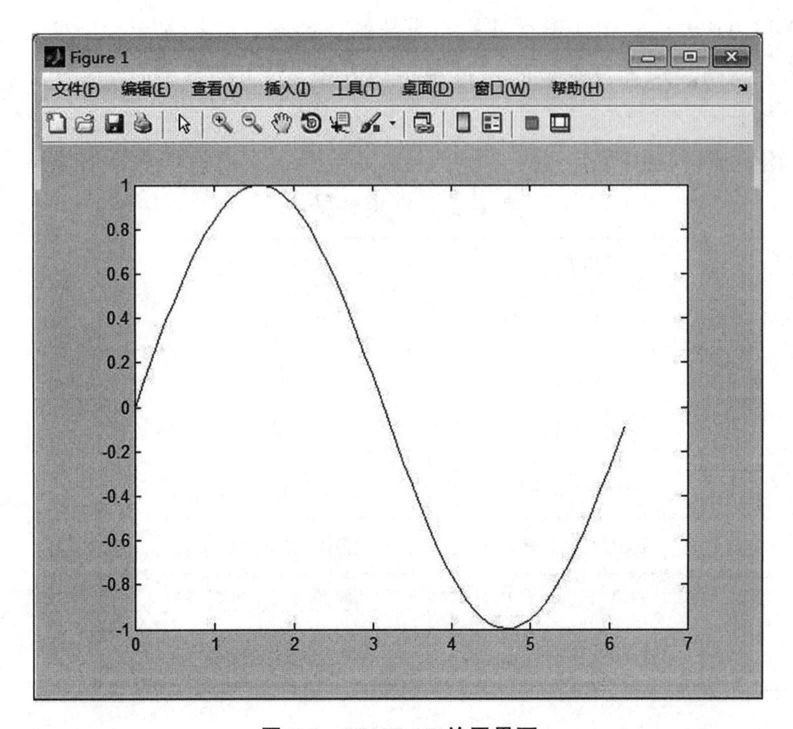

图 6-2　MATLAB 绘图界面

2. MATLAB的标点符号

(1) 每条命令后，若为逗号或无标点符号，则显示执行的结果，若为分号则不显示结果.

(2)“%”后面所有字符为注释说明.

(3)“…”表示续行.

3. 简单的数学运算及常用的快捷键

(1) 数值运算符号及功能(表 6-1)

表 6-1　数值运算符号及功能

符号	功能	实例
+	加法	11 + 17
−	减法	7 − 2
*	乘法	5 * 3
/ ，\	右除，左除	A/B，A \ B
∧	乘方	2 ∧ 5

在MATLAB表达式中，遵循四则运算法则，即乘、除优先于加、减，指数运算更优于乘、除，而括号运算级别最高，在多层括号中(均用小括号)，从最里层向最外层逐渐脱开.

(2) 常用快捷键(表 6-2)

表 6-2　常用快捷键

快捷键	功　能
↑(Ctrl + P)	调用上一行
↓(Crtl + N)	调用下一行
←(Ctrl + P)	光标左移一个字符
→(Ctrl + P)	光标右移一个字符
Eel(Ctrl + U)	清除当前输入行
Del(Ctrl + D)	删除光标处字符
Alt + Backspace	恢复上一次删除

(3) 常用的函数及常量(表 6-3)

表 6-3 常用的函数及常量

函数名	函数功能	函数名	函数功能
sin(x)	正弦	exp(x)	指数 e^x
cos(x)	余弦	log(x)	自然对数：$\ln x$
tan(x)	正切	$\log_{10}$(x)	以 10 为底的常用对数 $\log_{10}(x)$
cot(x)	余切	$\log_2$(x)	以 2 为底的对数
sqrt(x)	平方根	sign(x)	符号函数

注：inf 表示无穷大，pi 表示 π.

6.2 线性代数的 MATLAB 上机实验

实验 1 矩阵的基本运算

MATLAB 的原意是矩阵实验室，其所有数值功能都是以矩阵为基本单元进行的，因此，MATLAB 对矩阵的运算可以说是最强大、最全面的. 本节简要介绍它的矩阵表示和矩阵的基本运算.

实验目的

1. 掌握 MATLAB 软件的矩阵赋值方法；
2. 熟练运用 MATLAB 软件实现矩阵加减法、数乘、转置、乘法、逆运算.

实验指导

在 MATLAB 中，矩阵的赋值用"="运算符，加减法用"+"和"—"运算符，矩阵相乘用" * "运算符，矩阵转置用"'"运算符，矩阵的逆用 inv 命令.

MATLAB 中一些特殊矩阵的生成命令如表 6-4 所示 .

表 6-4　MATLAB 中简单特殊矩阵的生成命令及功能

命令	功能
eye(m)	生成 m 阶的单位阵
ones(m) ones(m，n)	生成元素全为 1 的 m 阶方阵 生成元素全为 1 的 $m\times n$ 阶矩阵
zeros(m) zeros(m，n)	生成元素全为 0 的 m 阶方阵 生成元素全为 0 的 $m\times n$ 阶矩阵
rand(m，n) randn(m，n)	生成 $m\times n$ 阶随机矩阵，其中元素服从[0，1]区间上的均匀分布 生成 $m\times n$ 阶随机矩阵，其中元素服从均值为 0、方差为 1 的正态分布

实验内容

例 1　已知矩阵

$$\boldsymbol{A}=\begin{pmatrix}3&1&1\\2&1&2\\1&2&3\end{pmatrix},\ \boldsymbol{B}=\begin{pmatrix}1&1&-1\\2&-1&0\\1&0&1\end{pmatrix}$$

用 MATLAB 实现：

(1) 屏幕输出 $\boldsymbol{A}$ 与 $\boldsymbol{B}$；

(2)$\boldsymbol{A}$ 的转置 $\boldsymbol{A}'$；

(3)$\boldsymbol{A}+\boldsymbol{B}$；

(4)$\boldsymbol{A}-\boldsymbol{B}$；

(5)$6\boldsymbol{A}-2\boldsymbol{B}$；

(6)$\boldsymbol{AB}$；

(7)$\boldsymbol{A}$ 的逆矩阵 $\boldsymbol{A}^{-1}$.

解　相应的 MATLAB 代码及计算结果如下.

(1) 屏幕输出 $\boldsymbol{A}$ 与 $\boldsymbol{B}$

```
>> A=[3 1 1; 2 1 2; 1 2 3]
```

$$\mathrm{A}=\begin{pmatrix}3&1&1\\2&1&2\\1&2&3\end{pmatrix}$$

```
>> B=[1 1 -1; 2 -10; 1 0 1]
```

$$\mathrm{B}=\begin{pmatrix}1&1&-1\\2&-1&0\\1&0&1\end{pmatrix}$$

(2)$\boldsymbol{A}$ 的转置

```
>> A'
```

$$ans=\begin{pmatrix}3&2&1\\1&1&2\\1&2&3\end{pmatrix}$$

(3)$\boldsymbol{A}+\boldsymbol{B}$

```
>> A+B
```

$$ans=\begin{pmatrix}4&2&0\\4&0&2\\2&2&4\end{pmatrix}$$

(4)$\boldsymbol{A}-\boldsymbol{B}$

```
>> A-B
```

$$ans=\begin{pmatrix}2&0&2\\0&2&2\\0&2&2\end{pmatrix}$$

(5)$6\boldsymbol{A}-2\boldsymbol{B}$

```
>> 6*A-2*B
```

$$ans=\begin{pmatrix}16&4&8\\8&8&12\\4&12&16\end{pmatrix}$$

(6)$\boldsymbol{AB}$

```
>> A*B
```

$$ans=\begin{pmatrix}6&2&-2\\6&1&0\\8&-1&2\end{pmatrix}$$

(7)$\boldsymbol{A}$ 的逆矩阵

```
>> inv(A)
```

$$ans=\begin{pmatrix}1/4&1/4&-1/4\\1&-2&1\\-3/4&5/4&-1/4\end{pmatrix}$$

例 2　生成 5 阶单位矩阵、零矩阵以及 3×4 阶元素全为 1 的矩阵.

解　相应的 MATLAB 代码及结果为

```
>> A=eye(5)   % 生成 5 阶单位矩阵 A
```

$$A=\begin{pmatrix}1&0&0&0&0\\0&1&0&0&0\\0&0&1&0&0\\0&0&0&1&0\\0&0&0&0&1\end{pmatrix}$$

```
>> B=zeros(5)  % 生成5阶零矩阵B
```

$$B=\begin{pmatrix}0&0&0&0&0\\0&0&0&0&0\\0&0&0&0&0\\0&0&0&0&0\\0&0&0&0&0\end{pmatrix}$$

```
>> C=ones(3, 4)  % 生成3×4阶元素全为1的矩阵C
```

$$C=\begin{pmatrix}1&1&1&1\\1&1&1&1\\1&1&1&1\end{pmatrix}$$

实验2　行列式的计算

在第1章中，我们掌握了行列式的基本概念与计算方法，对于行列式的阶数较大且元素为非零的数时，利用高斯消元法笔算工作量大，比如要计算一个30阶的行列式的值，或者要求一个由30个方程组成、含30个未知量的线性方程组的解，实现它的最好的办法是通过数学软件进行求解.

实验目的

1. 掌握MATLAB软件计算行列式的命令(包括数值和符号行列式情形)；
2. 熟练运用MATLAB实现Cramer法则.

实验指导

MATLAB中主要用det求行列式的数值解和符号解，使用方法如下：

det(**A**) 计算矩阵 **A** 对应的行列式，**A** 为数值方阵.

实验内容

例1　用MATLAB计算行列式 $D=\begin{vmatrix}3&1&-1&2\\-5&1&3&-4\\2&0&1&-1\\1&-5&3&-3\end{vmatrix}$ 的值.

解　相应的MATLAB代码为

```
>> D=[3 1 -1 2; -5 1 3 -4; 2 0 1 -1; 1 -5 3 -3];
>> det(D)
```

计算结果为D=40.

例2　用MATLAB计算行列式

$$D=\begin{vmatrix}a&b&c&d\\a&a+b&a+b+c&a+b+c+d\\a&2a+b&3a+2b+c&4a+3b+2c+d\\a&3a+b&6a+3b+c&10a+6b+3c+d\end{vmatrix}$$ 的值.

解　相应的 MATLAB 代码为

```
>> syms a;
>> syms b;
>> syms c;
>> syms d;
>> D=[a  b  c  d; a  a+b  a+b+c  a+b+c+d; a  2*a+b  3*a+2*b+c  4*a+3*b+2*c+d; a  3*a+b  6*a+3*b+c  10*a+6*b+3*c+d];
>> det(D)
```

计算结果为 $D=a^4$.

例 3　已知行列式

$$D_n=\begin{vmatrix}2 & 1 & & & & \\ 1 & 2 & 1 & & & \\ & 1 & 2 & 1 & & \\ & & \ddots & \ddots & \ddots & \\ & & & 1 & 2 & 1 \\ & & & & 1 & 2\end{vmatrix}$$

用 MATLAB 计算当 $n=100$ 时的值.

解　相应的 MATLAB 代码为

```
>> n=100;                              % 行列式的阶数
>> D1=diag(2*ones(1, n));              % 生成主对角元素
>> D2=diag(ones(1, n-1), 1);           % 生成主对角线上方的元素
>> D3=diag(ones(1, n-1), -1);          % 生成主对角线下方的元素
>> D=D1+D2+D3;
>> det(D)
```

计算结果为 $D=101$.

例 4　根据 Cramer 法则解线性方程组$\begin{cases}x_1+x_2+x_3+x_4=5\\ x_1+2x_2-x_3+4x_4=-2\\ 2x_1-3x_2-x_3-5x_4=-2\\ 3x_1+x_2+2x_3+11x_4=0\end{cases}$.

解　根据 Cramer 法则，若系数行列式 $D\neq 0$，则 $x_i=\dfrac{D_i}{D}$，$i=1, 2, 3, 4$.

$$D=\begin{vmatrix}1 & 1 & 1 & 1\\ 1 & 2 & -1 & 4\\ 2 & -3 & -1 & -5\\ 3 & 1 & 2 & 11\end{vmatrix}=-142,$$

$$D_1=\begin{vmatrix}5 & 1 & 1 & 1\\ -2 & 2 & -1 & 4\\ -2 & -3 & -1 & -5\\ 0 & 1 & 2 & 11\end{vmatrix}=-142,$$

$$D_2=\begin{vmatrix}1&5&1&1\\1&-2&-1&4\\2&-2&-1&-5\\3&0&2&11\end{vmatrix}=-284,$$

$$D_3=\begin{vmatrix}1&1&5&1\\1&2&-2&4\\2&-3&-2&-5\\3&1&0&11\end{vmatrix}=-426,$$

$$D_4=\begin{vmatrix}1&1&1&5\\1&2&-1&-2\\2&-3&-1&-2\\3&1&2&0\end{vmatrix}=142,$$

于是，$x_1=1$，$x_2=2$，$x_3=3$，$x_4=-1$.

相应的 MATLAB 代码如下：

```
>> D=[1 1 1 1; 1 2 -1 4; 2 -3 -1 -5; 3 1 2 11];
>> D1=[5 1 1 1; -2 2 -1 4; -2 -3 -1 -5; 0 1 2 11];
>> D2=[1 5 1 1; 1 -2 -1 4; 2 -2 -1 -5; 3 0 2 11];
>> D3=[1 1 5 1; 1 2 -2 4; 2 -3 -2 -5; 3 1 0 11];
>> D4=[1 1 1 5; 1 2 -1 -2; 2 -3 -1 -2; 3 1 2 0];
>> x1=det(D1)/det(D)
>> x2=det(D2)/det(D)
>> x3=det(D3)/det(D)
>> x4=det(D4)/det(D)
```

实验 3　极大无关组及线性方程组的求解

实验目的

1. 掌握 MATLAB 软件分析向量组的线性相关性及快速求出极大无关组；
2. 掌握 MATLAB 软件求解线性方程组的通解.

实验指导

根据第 3 章所学，我们知道线性方程组 $\boldsymbol{Ax}=\boldsymbol{b}$(其中 $\boldsymbol{A}\in\mathbf{R}^{m\times n}$) 的解可能出现三种情形：无解、有唯一解和有无穷多组解. 这主要取决于系数矩阵 $\boldsymbol{A}$ 的秩 $R(\boldsymbol{A})$ 与增广矩阵 $(\boldsymbol{A}, \boldsymbol{b})$ 的秩 $R(\boldsymbol{A}, \boldsymbol{b})$ 是否相等、秩与变量个数是否相等，具体地：

若 $R(\boldsymbol{A})\neq R(\boldsymbol{A}, \boldsymbol{b})$，则线性方程组无解；

若 $R(\boldsymbol{A})=R(\boldsymbol{A}, \boldsymbol{b})=n$(为变量的个数)，则线性方程组有唯一解；

若 $R(\boldsymbol{A})=R(\boldsymbol{A}, \boldsymbol{b})<n$，则线性方程组有无穷多组解.

基于此，我们可以用 MATLAB 实现线性方程组的解的结构，相关命令与功能如表

6-5 所示．

表 6-5 MATLAB 求解线性方程组的相关命令

命令	功能
inv(A)	求矩阵 $\boldsymbol{A}$ 的逆矩阵，限制 $\boldsymbol{A}$ 是方阵，可逆
x = A \ b	左除法，解方程组 $\boldsymbol{Ax}=\boldsymbol{b}$，当 $\boldsymbol{A}$ 是可逆的方阵时，左除与 inv 的结果一样；当方程组超定①时，左除计算得到的是最小二乘解②；当方程组不定③时，左除计算出来的结果是一个特解
R = rref(A) [R，s] = rref(A)	将矩阵 $\boldsymbol{A}$ 化成最简行阶梯形矩阵 $\boldsymbol{R}$ 将矩阵 $\boldsymbol{A}$ 化成最简行阶梯形矩阵 $\boldsymbol{R}$，向量 $\boldsymbol{s}$ 中的元素为极大无关组向量的下标
rank(A)	计算矩阵 $\boldsymbol{A}$ 的秩
null(A)	计算齐次线性方程组的一个基础解系

① 超定方程组表示方程的个数大于未知量的个数；

② $\boldsymbol{Ax}=\boldsymbol{b}$ 的最小二乘是指使得向量 $\boldsymbol{Ax}-\boldsymbol{b}$ 长度达到最小的解；

③ 不定方程组表示方程的个数小于未知量的个数．

实验内容

例 1 已知向量组

$$\boldsymbol{\alpha}_1=\begin{pmatrix}1\\1\\0\\2\\2\end{pmatrix},\ \boldsymbol{\alpha}_2=\begin{pmatrix}3\\4\\0\\8\\3\end{pmatrix},\ \boldsymbol{\alpha}_3=\begin{pmatrix}2\\3\\0\\6\\1\end{pmatrix},\ \boldsymbol{\alpha}_4=\begin{pmatrix}9\\3\\2\\1\\2\end{pmatrix},\ \boldsymbol{\alpha}_5=\begin{pmatrix}6\\-2\\2\\-9\\2\end{pmatrix}$$

求出它的一个极大无关组.

解 相应的 MATLAB 代码及结果为

```
>> a1 =[1  1  0  2  2]';
>> a2 -[3  4  0  8  3]';
>> a3 =[2  3  0  6  1]';
>> a4 =[9  3  2  1  2]';
>> a5 =[6  -2  2  -9  2]';
>> A =[a1  a2  a3  a4  a5];
>> [R, s]=rref(A)
```

$$R=\begin{pmatrix}1&0&-1&0&3\\0&1&1&0&-2\\0&0&0&1&1\\0&0&0&0&0\\0&0&0&0&0\end{pmatrix}$$

s= [1　2　4]

因此，向量组 $\boldsymbol{\alpha}_1$，$\boldsymbol{\alpha}_2$，$\boldsymbol{\alpha}_2$，$\boldsymbol{\alpha}_4$，$\boldsymbol{\alpha}_5$ 的一个极大无关组为 $\boldsymbol{\alpha}_1$，$\boldsymbol{\alpha}_2$，$\boldsymbol{\alpha}_4$.

例 2　用 MATLAB 求解线性方程组 $\begin{cases}x+2y=23,\\4x-3y=2.\end{cases}$

解　相应的 MATLAB 代码为

```
>> A=[1  2; 4  -3];
>> b=[23; 2];
>> x=inv(A)*b
>> x=A\b
```

两种命令计算出来的结果都是 $(x, y)=(6.6364, 8.1818)$.

例 3　用 MATLAB 求齐次线性方程组 $\begin{cases}x_1+x_2+2x_3-x_4=0\\2x_1+x_2+x_3-x_4=0\\2x_1+2x_2+x_3+2x_4=0\end{cases}$ 的通解.

解　相应的 MATLAB 代码及结果为：

```
>> A=[1  1  2  -1; 2  1  1  -1; 2  2  1  2];
>> rank(A)        % 系数矩阵 A 的秩为 3
>> format rat     % 格式控制为分数输出
>> rref(A)        % 行最简阶梯形矩阵
```

$$\text{ans}=\begin{pmatrix}1&0&0&-4/3\\0&1&0&3\\0&0&1&-4/3\end{pmatrix}$$

因此与该齐次线性方程组同解的方程组为

$$\begin{cases}x_1-\dfrac{4}{3}x_4=0\\x_2+3x_4=0\\x_3-\dfrac{4}{3}x_4=0\end{cases},$$

取 x_4 为自由未知量，得该方程组的一个基础解系

$$\boldsymbol{\eta}=\left(\frac{4}{3},\ -3,\ \frac{4}{3},\ 1\right)',$$

通解为：

$$x = k\boldsymbol{\eta} = k\left(\frac{4}{3}, -3, \frac{4}{3}, 1\right)', \ k \text{ 为任意的常数}.$$

另外，齐次线性方程组的基础解系不唯一，MATLAB 可以用 null 命令求齐次方程组的一个基础解系，这种方法相应的 MATLAB 代码如下：

```
>> A=[1 1 2 -1; 2 1 1 -1; 2 2 1 2];
>> null(A)
```

$$\text{ans} = \begin{pmatrix} 0.3621 \\ -0.8148 \\ 0.3621 \\ 0.2716 \end{pmatrix}$$

因此该方程组的一个基础解系为

$\boldsymbol{\xi} = (0.3621, -0.8148, 0.3621, 0.2716)'$，

通解为：

$$x = c\boldsymbol{\xi} = c(0.3621, -0.8148, 0.3621, 0.2716)', \ c \text{ 为任意的常数}.$$

注意，这里两种方法计算出来的基础解系都表示同一个解空间.

例 4 求方程组 $\begin{cases} x_1 - x_2 + x_3 - x_4 = 1 \\ -x_1 + x_2 + x_3 - x_4 = 1 \\ 2x_1 - 2x_2 - x_3 + x_4 = -1 \end{cases}$ 的通解.

解 首先计算系数矩阵和增广矩阵的秩，相应的 MATLAB 代码及结果为：

```
>> A=[1 -1 1 -1; -1 1 1 -1; 2 -2 -1 1];
>> b=[1; 1; -1];
>> rank(A)          % 系数矩阵的秩
>> rank([A, b])  % 增广矩阵的秩
```

计算表明，系数矩阵的秩与增广矩阵的秩都为 2，小于变量的个数 4，说明原方程组有无穷多解，接下来，我们将系数矩阵化为行最简阶梯形矩阵，相应的 MATLAB 代码及结果为：

```
>> rref(A)
```

$$\text{ans} = \begin{pmatrix} 1 & -1 & 0 & 0 \\ 0 & 0 & 1 & -1 \\ 0 & 0 & 0 & 0 \end{pmatrix}$$

从而原方程组对应的齐次方程 $\boldsymbol{Ax} = \boldsymbol{0}$ 的解为 $x_1 = x_2$，$x_3 = x_4$，x_2，x_4 为自由变量.

令 $x_2 = 1$，$x_4 = 0$，则 $x_1 = 1$，$x_3 = 0$；令 $x_2 = 0$，$x_4 = 1$，则 $x_1 = 0$，$x_3 = 1$，得到对应齐次线性方程组的一个基础解系：$\boldsymbol{\eta}_1 = (1, 1, 0, 0)'$，$\boldsymbol{\eta}_2 = (0, 0, 1, 1)'$.

原非齐次线性方程组的一个特解为 $\boldsymbol{x}_0 = (0, 0, 1, 0)'$，MATLAB 计算代码为：

```
>> x0=A\b      % 计算一个特解
```

$$\boldsymbol{x}0=\begin{pmatrix}0\\0\\1\\0\end{pmatrix}$$

因此，原方程组的通解为：

$$\boldsymbol{x}=\boldsymbol{x}_0+k_1\boldsymbol{\eta}_1+k_2\boldsymbol{\eta}_2=\begin{pmatrix}0\\0\\1\\0\end{pmatrix}+k_1\begin{pmatrix}1\\1\\0\\0\end{pmatrix}+k_2\begin{pmatrix}0\\0\\1\\1\end{pmatrix}(k_1，k_2\text{ 为任意的常数}).$$

另外，用 null 命令求齐次方程组的一个基础解系，相应的 MATLAB 代码如下：

```
>> A=[1  -1  1  -1; -1  1  1  -1; 2  -2  -1  1];
>> b=[1; 1; -1];
>> x0=A\b          % 计算非齐次线性方程组的一个特解
>> x1=null(A)      % 计算对应的齐次线性方程组的一个基础解系
```

结果为：

$$\mathrm{x0}=\begin{pmatrix}0\\0\\1\\0\end{pmatrix}$$

$$\mathrm{x1}=\begin{pmatrix}-0.7071 & 0\\-0.7071 & 0\\-0.0000 & 0.7071\\-0.0000 & 0.7071\end{pmatrix}$$

故原方程组的通解为

$$\boldsymbol{x}=\begin{pmatrix}0\\0\\1\\0\end{pmatrix}+c_1\begin{pmatrix}-0.7071\\-0.7071\\0\\0\end{pmatrix}+c_2\begin{pmatrix}0\\0\\0.7071\\0.7071\end{pmatrix}(c_1，c_2\text{ 为任意常数}).$$

注意，这里两种方法计算出来的基础解系都表示同一个解空间.

实验 4　特征值、特征向量与标准二次型的计算

实验目的

1. 掌握 MATLAB 软件求矩阵特征值和特征向量的命令；
2. 掌握 MATLAB 软件分析矩阵能否对角化的方法；
3. 掌握 MATLAB 软件化二次型为标准型的方法.

实验指导

矩阵的特征值在矩阵分析中具有重要的作用. MATLAB主要用eig求矩阵的特征值与特征向量，其使用格式及功能为：

eig(A) 计算矩阵 **A** 的特征值；

[X, D]=eig(A)　返回的是矩阵 **A** 的特征值与特征向量，其中 **D** 的对角线元素是特征值，**X** 是矩阵，它的列是相应的特征向量.

根据之前所学的理论，当矩阵 **A** 有不同的特征值时，矩阵 **A** 可以对角化；当矩阵 **A** 的特征值λ 出现重根时，**A** 能否对角化，要看$(\boldsymbol{A}-\lambda\boldsymbol{I})\boldsymbol{x}=\boldsymbol{0}$解空间的维数是否等于$\lambda$的重数，即分析$n-$秩$(\boldsymbol{A}-\lambda\boldsymbol{I})$是否等于$\lambda$ 的重数，若它们相等，则 **A** 可以对角化，若不等，则 **A** 不能进行对角化.

对于二次型$f=\boldsymbol{x}'\boldsymbol{A}\boldsymbol{x}$，$\boldsymbol{x}=[x_1, x_2, \cdots, x_n]'$，**A** 为对称矩阵，要将二次型化为标准型$\lambda_1 y_1^2+\lambda_2 y_2^2+\cdots+\lambda_n y_n^2$，就要找到一个正交矩阵 **P**，使得

$$\boldsymbol{P}'\boldsymbol{A}\boldsymbol{P}=\mathrm{diag}(\lambda_1, \lambda_2, \cdots, \lambda_n).$$

令$\boldsymbol{x}=\boldsymbol{P}\boldsymbol{y}$，则

$f=\boldsymbol{x}'\boldsymbol{A}\boldsymbol{x}=\boldsymbol{y}'\boldsymbol{P}'\boldsymbol{A}\boldsymbol{P}\boldsymbol{y}=\boldsymbol{y}'\mathrm{diag}(\lambda_1, \lambda_2, \cdots, \lambda_n)\boldsymbol{y}=\lambda_1 y_1^2+\lambda_2 y_2^2+\cdots+\lambda_n y_n^2$，便可实现二次型的标准化.

实验内容

例 1　用MATLAB求下列矩阵的特征值与特征向量，并判断矩阵能否对角化，若能对角化，请确定可逆矩阵 **X**，使得$\boldsymbol{X}^{-1}\boldsymbol{A}\boldsymbol{X}=\boldsymbol{D}$.

$$(1)\boldsymbol{A}=\begin{pmatrix}1&2&3\\2&1&3\\1&1&2\end{pmatrix};\ (2)\boldsymbol{A}=\begin{pmatrix}1&1&1&1\\1&1&-1&-1\\1&-1&1&-1\\1&1&-1&1\end{pmatrix};\ (3)\boldsymbol{A}=\begin{pmatrix}1&-1&0\\4&-3&0\\1&0&1\end{pmatrix}$$

解　(1) 相应的 MATLAB 代码和计算结果为

```
>> A=[1 2 3; 2 1 3; 1 1 2];
>> [X, D]=eig(A)
```

$$X=\begin{pmatrix}0.6396&0.7071&-0.5774\\0.6396&-0.7071&-0.5774\\0.4264&-0.0000&0.5774\end{pmatrix}$$

$$D=\begin{pmatrix}5.0000&0&0\\0&-1.0000&0\\0&0&-0.0000\end{pmatrix}$$

从矩阵 **D** 可以看出，矩阵 **A** 有三个不同的特征值5，-1，0，所以矩阵 **A** 可以对角

化，并且经验证 $\boldsymbol{X}^{-1}\boldsymbol{A}\boldsymbol{X}=\boldsymbol{D}$.

```
>> inv(X) * A * X
```

$$\text{ans}=\begin{pmatrix} 5.0000 & -0.0000 & 0.0000 \\ -0.0000 & -1.0000 & -0.0000 \\ -0.0000 & 0.0000 & 0 \end{pmatrix}$$

(2) 相应的 MATLAB 代码和计算结果为：

```
>> A=[1  1  1  1; 1  1  -1  -1; 1  -1  1  -1; 1  1  -1  1];
>> [X, D]=eig(A)
```

$$X=\begin{pmatrix} 0.5615 & 0.3366 & 0.2673 & -0.7683 \\ -0.5615 & -0.3366 & 0.0000 & -0.0000 \\ -0.5615 & -0.3366 & -0.5345 & -0.6236 \\ -0.2326 & 0.8125 & 0.8018 & -0.1447 \end{pmatrix}$$

$$D=\begin{pmatrix} -1.4142 & 0 & 0 & 0 \\ 0 & 1.4142 & 0 & 0 \\ 0 & 0 & 2.0000 & 0 \\ 0 & 0 & 0 & 2.0000 \end{pmatrix}$$

从矩阵 $\boldsymbol{D}$ 可以看出，$\lambda=2$ 是矩阵 $\boldsymbol{A}$ 的二重特征值，且 $n-$秩$(\boldsymbol{A}-\lambda\boldsymbol{I})=2$，代码为

```
>> 4 - rank(A - 2 * eye(4))
ans = [2]
```

因此矩阵 $\boldsymbol{A}$ 可以对角化，经验证 $\boldsymbol{X}^{-1}\boldsymbol{A}\boldsymbol{X}=\boldsymbol{D}$.

(3) 相应的 MATLAB 代码和计算结果为

```
>> A=[1  -1  0; 4  -3  0; 1  0  1];
>> [X, D]=eig(A)
```

$$X=\begin{pmatrix} 0 & 0.4364 & -0.4364 \\ 0 & 0.8729 & -0.8729 \\ 1.0000 & -0.2182 & 0.2182 \end{pmatrix}$$

$$D=\begin{pmatrix} 1.0000 & 0 & 0 \\ 0 & -1.0000 & 0 \\ 0 & 0 & -1.0000 \end{pmatrix}$$

从矩阵 $\boldsymbol{D}$ 可以看出，$\lambda=-1$ 是矩阵 $\boldsymbol{A}$ 的二重特征值，且 $n-$秩$(\boldsymbol{A}-\lambda\boldsymbol{I})=1$，代码为：

```
>> 3 - rank(A - (-1) * eye(3))
ans = [1]
```

因此矩阵 $\boldsymbol{A}$ 不能对角化.

例 2 用正交变换化二次型 $f=x_1^2+x_2^2+x_3^2+4x_1x_2+4x_1x_3+4x_2x_3$ 为标准型，并给出正交矩阵.

解 对称矩阵 $\boldsymbol{A}=\begin{pmatrix}1 & 2 & 2\\ 2 & 1 & 2\\ 2 & 2 & 1\end{pmatrix}$，相应的 MATLAB 代码及结果为

```
>> A=[1 2 2; 2 1 2; 2 2 1];
>> [P, D]=eig(A)
```

$$P=\begin{pmatrix}0.6206 & 0.5306 & 0.5774\\ 0.1492 & -0.8027 & 0.5774\\ -0.7698 & 0.2722 & 0.5774\end{pmatrix}$$

$$D=\begin{pmatrix}-1.0000 & 0 & 0\\ 0 & -1.0000 & 0\\ 0 & 0 & 5.0000\end{pmatrix}$$

上述 $\boldsymbol{P}$ 就是所求的正交矩阵，使得 $\boldsymbol{P}'\boldsymbol{A}\boldsymbol{P}=\boldsymbol{D}=\mathrm{diag}(-1, -1, 5)$，所以令 $\boldsymbol{x}=\boldsymbol{P}\boldsymbol{y}$，将二次型化为标准型：$f=-y_1^2-y_2^2+5y_3^2$.

例 3 已知二次型 $f(x_1, x_2, x_3)=5x_1^2+5x_2^2+cx_3^2-2x_1x_2+6x_1x_3-6x_2x_3$ 的秩为 2.

(1) 求参数 c 及此二次型对应矩阵的特征值；

(2) 指出方程 $f(x_1, x_2, x_3)=1$ 表示何种二次曲面.

解 二次型的矩阵 $\boldsymbol{A}=\begin{pmatrix}5 & -1 & 3\\ -1 & 5 & -3\\ 3 & -3 & c\end{pmatrix}$，相应的 MATLAB 程序及结果为：

```
>> syms c;
>> A=[5  -1  3; -1  5  -3; 3  -3  c];
>> det(A)
ans= [24*c-72]
```

当 $\det(A)=0$ 时，$c=3$，此时计算 $\boldsymbol{A}$ 的秩：

```
>> c=3;
>> A=[5  -1  3; -1  5  -3; 3  -3  c];
>> rank(A)
ans= [2]
```

(1) 当 $c=3$ 时，二次型 $f(x_1, x_2, x_3)=5x_1^2+5x_2^2+cx_3^2-2x_1x_2+6x_1x_3-$

$6x_2x_3$ 的秩为 2，此二次型对应的矩阵的特征值为 $\lambda_1=0$，$\lambda_2=4$，$\lambda_3=9$，代码如下：

```
>> eig(A)
```

$$ans=\begin{pmatrix} -0.0000 \\ 4.0000 \\ 9.0000 \end{pmatrix}$$

(2) 此二次型化为标准型为：$f(y_1, y_2, y_3)=\lambda_1 y_1^2+\lambda_2 y_2^2+\lambda_3 y_3^2=4y_2^2+9y_3^2$，因此，$f(x_1, x_2, x_3)=1$ 通过正交变换可化为 $4y_2^2+9y_3^2=1$，它表示椭圆柱面，代码为：

```
>> clear
>> t=0: pi/20: 2*pi;
>> x=1/2*cos(t);
>> y=1/3*sin(t);
>> z=linspace(-4, 4, length(t));
>> X=meshgrid(x); Y=meshgrid(y); Z=[meshgrid(z)]';
>> surf(X, Y, Z)
>> xlabel('y1')
>> ylabel('y3')
>> zlabel('y2')
```

图形如下图 6-3 所示.

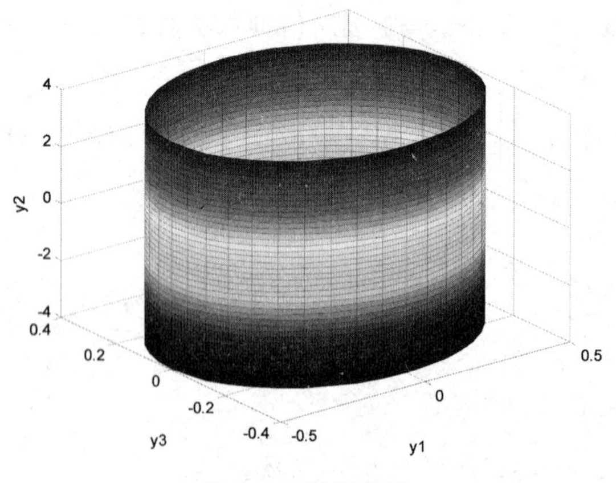

图 6-3　椭圆柱面

习题 6

上机练习，运用 MATLAB 求解下各题.

1. 已知矩阵

$$A=\begin{pmatrix}3&4&1&2&9&1\\6&5&3&6&0&2\\1&-4&7&5&1&2\\-3&6&2&7&8&9\\8&1&4&9&2&1\end{pmatrix},\quad B=\begin{pmatrix}1&2&3&4&5&6\\2&3&4&5&6&7\\3&4&5&6&7&8\\4&5&6&7&8&9\\5&6&7&8&9&10\end{pmatrix}$$

求：(1)$\boldsymbol{A}$ 的转置$\boldsymbol{A}'$；(2)$\boldsymbol{A}+\boldsymbol{B}$；(3)$\boldsymbol{A}-\boldsymbol{B}$；(4)$\boldsymbol{A}'\boldsymbol{B}$.

2. 生成下列特殊矩阵.

(1)$6\boldsymbol{I}_3$；

(2) 元素全为 1 的 3×2 阶矩阵 $\boldsymbol{A}$；

(3)3×3 阶随机矩阵 $\boldsymbol{B}$.

3. 计算行列式 $D=\begin{vmatrix}1&2&3&4\\2&3&4&1\\3&4&1&2\\4&1&2&3\end{vmatrix}$ 的值.

4. 验证行列式 $\begin{vmatrix}1&1&1&1\\a&b&c&d\\a^2&b^2&c^2&d^2\\a^3&b^3&c^3&d^3\end{vmatrix}=(a-b)(a-c)(a-d)(b-c)(b-d)(c-d)$.

5. 已知 $D_n=\begin{vmatrix}1&2&2&\cdots&2&2\\2&2&2&\cdots&2&2\\2&2&3&\cdots&2&2\\\vdots&\vdots&\vdots&&\vdots&\vdots\\2&2&2&\cdots&2&n\end{vmatrix}=-2(n-2)!$

用 MATLAB 验证当 $n=100$ 时的值.

6. 根据 Cramer 法则解线性方程组 $\begin{cases}5x_1+6x_2=1,\\x_1+5x_2+6x_3=0,\\x_2+5x_3+6x_4=0,\\x_3+5x_4+6x_5=0,\\x_4+5x_5=1.\end{cases}$

7. 求齐次线性方程组

$$\begin{cases}x_1+2x_2+x_3-x_4=0\\3x_1+6x_2-x_3-3x_4=0\\5x_1+10x_2+x_3-5x_4=0\end{cases}$$

的通解.

8. 求非齐次线性方程组

$$\begin{cases}2x_1+x_2-x_3+x_4=1\\4x_1+2x_2-2x_3+x_4=2\\2x_1+x_2-x_3-x_4=1\end{cases}$$

的通解.

9. λ 取何值时，非齐次线性方程组 $\begin{cases}\lambda x_1+x_2+x_3=1\\x_1+\lambda x_2+x_3=\lambda\\x_1+x_2+\lambda x_3=\lambda^2\end{cases}$

(1) 无解；(2) 有无穷多个解；(3) 有唯一解？

10. 已知矩阵 $\boldsymbol{A}=\begin{pmatrix}-2&1&2\\0&2&0\\-4&1&3\end{pmatrix}$，数值验证矩阵 $\boldsymbol{A}$ 与 $\boldsymbol{A}'$ 的特征值相等.

11. 判断矩阵 $\boldsymbol{A}=\begin{pmatrix}1&2&2\\2&1&-2\\-2&-2&1\end{pmatrix}$ 能否相似对角化，若可以，求出 $\boldsymbol{P}$ 及 $\boldsymbol{\Lambda}$，使

$$\boldsymbol{P}^{-1}\boldsymbol{A}\boldsymbol{P}=\boldsymbol{\Lambda}.$$

12. 用正交变换化二次型 $f=2x_1^2+5x_2^2+5x_3^2+4x_1x_2-4x_1x_3-8x_2x_3$ 为标准型，并给出正交矩阵.

习题答案

习题 1

1.(1)11；(2)1；(3)0；(4)16.

2.(1) 略；(2) -762.

3.(1)4；(2) -127；(3)a^2b^2；(4)$(x-a)(x-b)(x-c)$.

4.(1)$n!$；(2)$(-1)^{\frac{n(n+1)}{2}}(n+1)^{n-1}$；(3)$\left(\prod_{k=1}^{n}a_k\right)\left(1+\sum_{k=1}^{n}\frac{1}{a_k}\right)$；

(4)$\left(x+\sum_{k=1}^{n}a_k\right)\prod_{k=1}^{n}(x-a_k)$.

5. 40.

6. -48.

7. $-12\frac{1}{6}$.

8. -2.

9. $\frac{1}{10}A$.

10. $|A|^{n-2}A$.

11.(1) $-\frac{1}{2}\begin{pmatrix}4 & -2\\ -3 & 1\end{pmatrix}$；(2) 不可逆；(3) 不可逆；(4) $\frac{1}{5}\begin{pmatrix}3 & -3 & -1\\ 2 & 3 & -4\\ -1 & 1 & 2\end{pmatrix}$.

12. 略.

13.$\lambda=-1$ 或 $\lambda=4$.

14.$\lambda\neq-1$ 且 $\lambda\neq-2$.

15.$\lambda=1$ 或 $\mu=0$.

习题 2

1.(1)$(-4，3，0，16)$；(2)$(3，-1，-5，-2)$.

2.$(1，2，3，4)$.

3. $\begin{pmatrix} -1 & 2 & -5 \\ -4 & 1 & 5 \\ 3 & -4 & 10 \end{pmatrix}$.

4. (1)14；(2)$\begin{pmatrix} 2 & 5 & 5 \\ 8 & 2 & 8 \end{pmatrix}$；(3)$\begin{pmatrix} 5 & 1 \\ 1 & 26 \end{pmatrix}$；(4)$\begin{pmatrix} 5 & 3 & 2 & 1 \\ 16 & -3 & 1 & 5 \\ 4 & -6 & -2 & 2 \end{pmatrix}$.

5. $x=-3$，$y=2$，$z=-1$.

6. (1)$\boldsymbol{A}^n=\begin{pmatrix} 1 & 0 \\ n\lambda & 1 \end{pmatrix}$；(2)$\boldsymbol{A}^n=\boldsymbol{O}(n\geqslant 3)$.

7. $\boldsymbol{A}^{-1}=\dfrac{1}{2}(\boldsymbol{A}-\boldsymbol{E})$，$(\boldsymbol{E}-\boldsymbol{A})^{-1}=-\dfrac{\boldsymbol{A}}{2}$.

8. 略.

9. (1) $\dfrac{1}{3}\begin{pmatrix} -1 & 2 \\ 2 & -1 \end{pmatrix}$；(2)$\begin{pmatrix} 1 & -1 & 0 \\ -2 & 3 & -4 \\ -2 & 3 & -3 \end{pmatrix}$；(3) $\dfrac{1}{5}\begin{pmatrix} 2 & -3 & 2 \\ -3 & 2 & 2 \\ 2 & 2 & -3 \end{pmatrix}$；

(4)$\begin{pmatrix} \frac{2}{3} & \frac{2}{9} & -\frac{1}{9} \\ -\frac{1}{3} & -\frac{1}{6} & \frac{1}{6} \\ -\frac{1}{3} & \frac{1}{9} & \frac{1}{9} \end{pmatrix}$；(5)$\begin{pmatrix} 1 & 0 & 0 & 0 \\ -2 & 1 & 0 & 0 \\ 1 & -2 & 1 & 0 \\ 0 & 1 & -2 & 1 \end{pmatrix}$；(6)$\begin{pmatrix} 0 & 0 & 0 & 1 \\ 0 & 0 & 1 & -1 \\ 0 & 1 & -1 & 0 \\ 1 & -1 & 0 & 0 \end{pmatrix}$.

10. (1)$\begin{pmatrix} 2 & -23 \\ 0 & 8 \end{pmatrix}$；(2)$\begin{pmatrix} 2 & 3 \\ -1 & 2 \\ 3 & -1 \end{pmatrix}$.

11. $\begin{pmatrix} 5 & -2 & -2 \\ 4 & -3 & -2 \\ -2 & 2 & 3 \end{pmatrix}$.

12. 略.

13. $\begin{pmatrix} 5 & 19 & 0 & 0 \\ 18 & 70 & 0 & 0 \\ 1 & 0 & 1 & 0 \\ 0 & 1 & 2 & 3 \end{pmatrix}$.

14. $\begin{pmatrix} 0 & 0 & 1 & 0 \\ 0 & 0 & 0 & 1 \\ 1 & -1 & 0 & 0 \\ -3 & 4 & 0 & 0 \end{pmatrix}$.

习题 3

1. (1) 一定有解；(2) $\beta=-5$.

2. (1) 无穷多解；(2) 唯一解.

3. 无论 λ 取何值，该方程组均没有非零解.

4. $a_1+a_2+a_3+a_4=0$.

5. $\lambda=1$ 或 $\mu=0$.

6. 当 $\lambda\neq-2$，$\lambda\neq1$ 时，有唯一解，解分别为 $x_1=-\dfrac{1+\lambda}{2+\lambda}$，$x_2=\dfrac{1}{2+\lambda}$，$x_3=\dfrac{(1+\lambda)^2}{(2+\lambda)}$；

当 $\lambda=1$ 时，有无穷多解，同解为 $k_1(-1,1,0)^{\mathrm{T}}+k_2(-1,0,1)^{\mathrm{T}}+(1,0,0)^{\mathrm{T}}$；

当 $\lambda=-2$ 时，无解.

7. 略.

8. (1) $\boldsymbol{\xi}=\dfrac{1}{3}(\boldsymbol{\alpha}_1+2\boldsymbol{\alpha}_2)-\dfrac{1}{6}(2\boldsymbol{\alpha}_2+4\boldsymbol{\alpha}_3)$；

(2) $\boldsymbol{X}=\begin{pmatrix} 0 \\ -\dfrac{1}{3} \\ -\dfrac{1}{3} \\ 0 \end{pmatrix}+k\begin{pmatrix} 1 \\ 10 \\ 10 \\ 4 \end{pmatrix}$，$k\in\mathbf{R}$.

9. (1) 基础解系 $\begin{pmatrix} -4 \\ -4 \\ 4 \\ 8 \\ 0 \end{pmatrix}$，$\begin{pmatrix} 7 \\ 5 \\ -5 \\ 0 \\ 8 \end{pmatrix}$，方程组的通解为 $\boldsymbol{X}=k_1\begin{pmatrix} -4 \\ -4 \\ 4 \\ 8 \\ 0 \end{pmatrix}+k_2\begin{pmatrix} 7 \\ 5 \\ -5 \\ 0 \\ 8 \end{pmatrix}$，$k_1$，$k_2$ 为任意常数；

(2) 基础解系$\begin{pmatrix}0\\0\\0\\1\\1\end{pmatrix}$，方程组的通解为 $\boldsymbol{X}=k\begin{pmatrix}0\\0\\0\\1\\1\end{pmatrix}$，其中 k 为任意常数；

(3) 基础解系$\begin{pmatrix}4\\-9\\4\\3\end{pmatrix}$，方程组的通解为 $\boldsymbol{X}=k\begin{pmatrix}4\\-9\\4\\3\end{pmatrix}$，其中 k 为任意常数；

(4) 基础解系$\begin{pmatrix}1\\-1\\-1\\2\end{pmatrix}$，方程组的通解为 $\boldsymbol{X}=k\begin{pmatrix}1\\-1\\-1\\2\end{pmatrix}$，其中 k 为任意常数.

10.(1)$\boldsymbol{X}=\begin{pmatrix}\frac{6}{7}\\-\frac{5}{7}\\0\\0\end{pmatrix}+k\begin{pmatrix}1\\5\\7\\0\end{pmatrix}$，$k$ 取任意实数；

(2)$\boldsymbol{X}=\begin{pmatrix}\frac{1}{3}\\0\\0\\1\end{pmatrix}+k_1\begin{pmatrix}-\frac{1}{3}\\0\\1\\0\end{pmatrix}+k_2\begin{pmatrix}-\frac{1}{3}\\1\\0\\0\end{pmatrix}$，$k_1$，$k_2$ 取任意实数；

(3)$\boldsymbol{X}=\begin{pmatrix}\frac{1}{2}\\0\\0\\0\end{pmatrix}+k_1\begin{pmatrix}\frac{1}{2}\\0\\1\\0\end{pmatrix}+k_2\begin{pmatrix}-\frac{1}{3}\\1\\0\\0\end{pmatrix}$，$k_1$，$k_2$ 取任意实数；

(4)$\boldsymbol{X}=\begin{pmatrix}7\\0\\10\\14\\0\end{pmatrix}+k\begin{pmatrix}3\\0\\5\\7\\1\end{pmatrix}$，$k$ 取任意实数；

(5) $\boldsymbol{X}=\begin{pmatrix}\frac{1}{2}\\0\\0\\0\end{pmatrix}+k_1\begin{pmatrix}-1\\2\\0\\0\end{pmatrix}+k_2\begin{pmatrix}1\\0\\2\\0\end{pmatrix}$，$k_1$，$k_2$ 取任意实数；

(6) $\boldsymbol{X}=\begin{pmatrix}\frac{6}{7}\\-\frac{5}{7}\\0\\0\end{pmatrix}+k_1\begin{pmatrix}\frac{1}{7}\\\frac{5}{7}\\1\\0\end{pmatrix}+k_2\begin{pmatrix}\frac{1}{7}\\-\frac{9}{7}\\0\\1\end{pmatrix}$，$k_1$，$k_2$ 取任意实数.

11. 略.

12. 略.

13. 略.

习题 4

1. (1)2；(2)3；(3)3；(4)3.

2. (1)$k=1$；(2)$k=-2$；(3)$k\neq 1$，$k\neq -2$.

3. (1)$\boldsymbol{\beta}=2\boldsymbol{\alpha}_1-\boldsymbol{\alpha}_2+\frac{5}{3}\boldsymbol{\alpha}_3+2\boldsymbol{\alpha}_4$；(2)$\boldsymbol{\beta}=-11\boldsymbol{\alpha}_1+14\boldsymbol{\alpha}_2+9\boldsymbol{\alpha}_3$.

4. $(-1, 4, 1)^{T}$.

5. $(1, 2, 3, 4)^{T}$.

6. (1) 线性无关；(2) 线性无关；(3) 线性无关；(4) 线性无关.

7. $k=3$ 或 $k=-2$ 时，线性相关；$k\neq 3$ 且 $k\neq -2$ 时，线性无关.

8. (1) ×；(2)√；(3) ×；(4) ×；(5) ×；(6) ×；(7)√；(8).

9. 略.

10. 略.

11. 略.

12. 略.

13. (1)$R(\boldsymbol{A})=2$，$\boldsymbol{\alpha}_1$，$\boldsymbol{\alpha}_2$ 为其中的一个极大无关组，$\boldsymbol{\alpha}_3=\frac{1}{2}\boldsymbol{\alpha}_1+\boldsymbol{\alpha}_2$，$\boldsymbol{\alpha}_4=\boldsymbol{\alpha}_1+\boldsymbol{\alpha}_2$.

(2)$R(\boldsymbol{A})=2$，$\boldsymbol{\alpha}_1$，$\boldsymbol{\alpha}_2$ 为其中的一个极大无关组，$\boldsymbol{\alpha}_3=\frac{3}{2}\boldsymbol{\alpha}_1-\frac{7}{2}\boldsymbol{\alpha}_2$，$\boldsymbol{\alpha}_4=\boldsymbol{\alpha}_1+2\boldsymbol{\alpha}_2$.

(3)$R(\boldsymbol{A})=2$，$\boldsymbol{\alpha}_1$，$\boldsymbol{\alpha}_2$ 为其中的一个极大无关组，$\boldsymbol{\alpha}_3=2\boldsymbol{\alpha}_1-\boldsymbol{\alpha}_2$，$\boldsymbol{\alpha}_4=\boldsymbol{\alpha}_1+3\boldsymbol{\alpha}_2$，$\boldsymbol{\alpha}_5=-2\boldsymbol{\alpha}_1-\boldsymbol{\alpha}_2$.

14. V_1 是一个向量空间.

V_2 不是向量空间，因为 V_2 对向量线性运算不封闭.

V_3 是一个向量空间.

V_4 不是向量空间，因为 V_2 对向量线性运算不封闭.

15. 略

16. (1) 略. (2) 向量(0，−2，3) 在基 $\boldsymbol{\alpha}_1$，$\boldsymbol{\alpha}_2$，$\boldsymbol{\alpha}_3$ 的坐标为(1，1，−1)；向量(0，−2，3) 在这组基下的坐标为$\left(-\frac{53}{4},\ \frac{19}{2},\ -\frac{31}{4}\right)$.

17. $\begin{pmatrix} 2 & 3 & 4 \\ 0 & -1 & 0 \\ -1 & 0 & -1 \end{pmatrix}$.

18. (1)$k=1$；(2)(12，7，−10).

19. 略.

20. (1)−2；(2)−4.

21. (1)$\boldsymbol{e}_1=(1,\ 0)^{\mathrm{T}}$，$\boldsymbol{e}_2=(0,\ 1)^{\mathrm{T}}$；(2)$\boldsymbol{e}_1=\left(\frac{3}{5},\ \frac{4}{5}\right)^{\mathrm{T}}$，$\boldsymbol{e}_2=\left(-\frac{4}{5},\ \frac{3}{5}\right)^{\mathrm{T}}$；

(3)$\boldsymbol{e}_1=(1,\ 0,\ 0)^{\mathrm{T}}$，$\boldsymbol{e}_2=\frac{1}{\sqrt{2}}(0,\ 1,\ 1)^{\mathrm{T}}$，$\boldsymbol{e}_3=\frac{1}{\sqrt{2}}(0,\ 1,\ -1)^{\mathrm{T}}$；

(4)$\boldsymbol{e}_1=\frac{1}{\sqrt{10}}(1,\ 2,\ 2,\ -1)^{\mathrm{T}}$，$\boldsymbol{e}_2=\frac{1}{\sqrt{26}}(2,\ 3,\ -3,\ 2)^{\mathrm{T}}$，$\boldsymbol{e}_3=\frac{1}{\sqrt{10}}(2,\ -1,\ -1,\ -2)^{\mathrm{T}}$.

22. $\boldsymbol{\alpha}=\frac{1}{\sqrt{26}}(-4,\ 0,\ -1,\ 3)^{\mathrm{T}}$.

23. (1) 不是；(2) 是，$\begin{pmatrix} \frac{1}{9} & -\frac{8}{9} & -\frac{4}{9} \\ -\frac{8}{9} & \frac{1}{9} & -\frac{4}{9} \\ -\frac{4}{9} & -\frac{4}{9} & \frac{7}{9} \end{pmatrix}$.

24. (1)$\boldsymbol{\alpha}$ 与 $\boldsymbol{\beta}$ 正交；$\boldsymbol{\alpha}$ 与 $\boldsymbol{\gamma}$ 不正交；

(2)$k(8,\ -11,\ 47,\ 13)^{\mathrm{T}}$，$k$ 为任意实数；

(3) $\frac{1}{\sqrt{11}}(1,\ 0,\ -1,\ 3)^{\mathrm{T}}$，$\frac{1}{\sqrt{11}}(3,\ 1,\ 0,\ -1)^{\mathrm{T}}$.

25. $a=b=\frac{\sqrt{3}}{2}$，$c=-\frac{1}{2}$.

26. 略.

习题 5

1. (1) $\lambda_1=4$，属于特征值 $\lambda_1=4$ 的特征向量为 $k(1,\ 1)^T$，k 为非零任意常数；

$\lambda_2=-2$，属于特征值 $\lambda_2=-2$ 的特征向量为 $k\left(-\frac{1}{5},\ 1\right)^T$，$k$ 为非零任意常数.

(2) $\lambda_1=1$，属于特征值 $\lambda_1=1$ 的特征向量为 $k(1,\ 1)^T$，k 为非零任意常数；

$\lambda_2=5$，属于特征值 $\lambda_2=5$ 的特征向量为 $k(-2,\ 1)^T$，k 为非零任意常数.

(3) $\lambda_1=2$，属于特征值 $\lambda_1=2$ 的特征向量为 $k(0,\ 0,\ 1)^T$，k 为非零任意常数；

$\lambda_2=\lambda_3=1$，属于特征值 $\lambda_2=\lambda_3=1$ 的特征向量为 $k(-1,\ -2,\ 1)^T$，k 为非零任意常数；

(4) $\lambda_1=1$，属于特征值 $\lambda_1=1$ 的特征向量为 $k(1,\ 1,\ 1)^T$，k 为非零任意常数；

$\lambda_2=\lambda_3=-2$，属于特征值 $\lambda_2=\lambda_3=-2$ 的特征向量为 $k_1(-1,\ 1,\ 0)+k_2(-1,\ 0,\ 1)$，$k_1k_2$ 不同时为零.

(5) $\lambda_1=\lambda_2=\lambda_3=2$，属于特征值 $\lambda_1=\lambda_2=\lambda_3=2$ 的特征向量为

$k_1(1,\ 1,\ 0,\ 0)^T+k_2(1,\ 0,\ 1,\ 0)^T+k_3(1,\ 0,\ 0,\ 1)^T$，$k_1$，$k_2$，$k_3$ 为不同时为零的任意实数；

$\lambda_4=-2$，属于特征值 $\lambda_4=-2$ 的特征向量为 $k(-1,\ 1,\ 1,\ 1)^T$，k 为非零任意常数.

(6) $\lambda_1=1$，属于特征值 $\lambda_1=1$ 的特征向量为 $k(1,\ 0,\ 0,\ 0)^T$，k 为非零任意常数；

$\lambda_2=-1$，属于特征值 $\lambda_2=-1$ 的特征向量为 $k\left(-\frac{3}{2},\ 1,\ 0,\ 0\right)^T$，$k$ 为非零任意常数；

$\lambda_3=\lambda_4=2$，属于特征值 $\lambda_3=\lambda_4=2$ 的特征向量为 $k\left(2,\ \frac{1}{3},\ 1,\ 0\right)^T$，$k$ 为非零任意常数.

2. (1) $k\lambda$；(2) $\lambda+1$.

3. 略.

4. $x=0$.

5. 略.

6. 略.

7. 18.

8. -288，-72.

9. 略.

10. 略.

11. (1) 正交阵 $\boldsymbol{P}=(\boldsymbol{p}_1, \boldsymbol{p}_2, \boldsymbol{p}_3)=\begin{pmatrix} \frac{1}{3} & -\frac{2}{3} & \frac{2}{3} \\ \frac{2}{3} & -\frac{1}{3} & -\frac{2}{3} \\ \frac{2}{3} & \frac{2}{3} & \frac{1}{3} \end{pmatrix}$，有 $\boldsymbol{P}^{-1}\boldsymbol{A}\boldsymbol{P}=\boldsymbol{P}^{\mathrm{T}}\boldsymbol{A}\boldsymbol{P}=\boldsymbol{\Lambda}=\begin{pmatrix} -2 & & \\ & 1 & \\ & & 4 \end{pmatrix}$；

(2) 正交阵 $\boldsymbol{P}=(\boldsymbol{p}_1, \boldsymbol{p}_2, \boldsymbol{p}_3)=\begin{pmatrix} -\frac{2}{3} & \frac{2}{3} & -\frac{1}{3} \\ \frac{2}{3} & \frac{1}{3} & -\frac{2}{3} \\ \frac{1}{3} & \frac{2}{3} & \frac{2}{3} \end{pmatrix}$，有 $\boldsymbol{P}^{-1}\boldsymbol{A}\boldsymbol{P}=\boldsymbol{P}^{\mathrm{T}}\boldsymbol{A}\boldsymbol{P}=\boldsymbol{\Lambda}=\begin{pmatrix} 1 & & \\ & 1 & \\ & & 10 \end{pmatrix}$.

12. $\boldsymbol{A}^n=\begin{pmatrix} 2^{n+1}-3^n & 2^n-3^n \\ -2^{n+1}+2\times 3^n & -2^n+2\times 3^n \end{pmatrix}$.

13. $x=1$，$y=-1$.

14. $\boldsymbol{A}=\boldsymbol{P}\begin{pmatrix} 0 & & \\ & 1 & \\ & & -1 \end{pmatrix}\boldsymbol{P}^{-1}=\begin{pmatrix} 0 & 1 & -1 \\ 0 & 1 & -2 \\ 0 & 0 & -1 \end{pmatrix}\boldsymbol{A}^{2n}=\boldsymbol{P}\begin{pmatrix} 0 & & \\ & 1 & \\ & & -1 \end{pmatrix}^{2n}\boldsymbol{P}^{-1}=\begin{pmatrix} 0 & 1 & -1 \\ 0 & 1 & 0 \\ 0 & 0 & 1 \end{pmatrix}$.

15. $\boldsymbol{A}=\boldsymbol{P}\begin{pmatrix} 1 & & \\ & -1 & \\ & & 0 \end{pmatrix}\boldsymbol{P}^{-1}=\frac{1}{3}\begin{pmatrix} -1 & 0 & 2 \\ 0 & 1 & 2 \\ 2 & 2 & 0 \end{pmatrix}$.

16. $\boldsymbol{A}=\boldsymbol{P}\begin{pmatrix} -1 & & \\ & 1 & \\ & & 1 \end{pmatrix}\boldsymbol{P}^{-1}=\begin{pmatrix} 1 & 0 & 0 \\ 0 & 0 & -1 \\ 0 & -1 & 0 \end{pmatrix}$.

17. 51.

18.(1)$a=-3$，$b=0$，$\lambda=-1$；(2)$\boldsymbol{A}$ 不能对角化.

19.(1) 可对角化；(2) 可对角化.

20.(1)$\begin{pmatrix}1 & 1 & 0\\1 & 2 & -1\\0 & -1 & -1\end{pmatrix}$；(2)$\begin{pmatrix}2 & 2 & \frac{5}{2}\\2 & 7 & 3\\\frac{5}{2} & 3 & -1\end{pmatrix}$；(3)$\begin{pmatrix}1 & -1 & 2 & -1\\-1 & 1 & 3 & -2\\2 & 3 & 1 & 0\\-1 & -2 & 0 & 1\end{pmatrix}$.

21.(1)$x_1^2+2x_2^2+4x_3^2-2x_1x_2+6x_2x_3$；

(2)$x_1^2-x_2^2$.

22.(1) 正交矩阵 $\boldsymbol{P}=(\boldsymbol{p}_1, \boldsymbol{p}_2, \boldsymbol{p}_3)=\begin{pmatrix}\frac{2}{3} & -\frac{2}{3} & \frac{1}{3}\\\frac{2}{3} & \frac{1}{3} & \frac{2}{3}\\\frac{1}{3} & \frac{2}{3} & \frac{2}{3}\end{pmatrix}$，化二次型为 $f=-y_1^2+2y_2^2+5y_3^2$；

(2) 正交矩阵 $\boldsymbol{P}=(\boldsymbol{p}_1, \boldsymbol{p}_2, \boldsymbol{p}_3, \boldsymbol{p}_4)=\begin{pmatrix}\frac{1}{\sqrt{2}} & 0 & \frac{1}{2} & -\frac{1}{2}\\0 & \frac{1}{\sqrt{2}} & -\frac{1}{2} & -\frac{1}{2}\\\frac{1}{\sqrt{2}} & 0 & -\frac{1}{2} & \frac{1}{\sqrt{2}}\\0 & \frac{1}{\sqrt{2}} & \frac{1}{2} & \frac{1}{\sqrt{2}}\end{pmatrix}$，化二次型为 $f=y_1^2+y_2^2-y_3^2-3y_4^2$.

习题 6

1. MATLAB 代码及结果

```
>> A=[3 4 1 2 9 1; 6 5 3 6 0 2; 1-4 7 5 1 2; -3 6 2 7 8 9; 8 1 4 9 2 1];
>> B=[1 2 3 4 5 6; 2 3 4 5 6 7; 3 4 5 6 7 8; 4 5 6 7 8 9; 5 6 7 8 9 10];
>> A'
```

$$ans=\begin{pmatrix}3&6&1&-3&8\\4&5&-4&6&1\\1&3&7&2&4\\2&6&5&7&9\\9&0&1&8&2\\1&2&2&9&1\end{pmatrix}$$

>> A+B

$$ans=\begin{pmatrix}4&6&4&6&14&7\\8&8&7&11&6&9\\4&0&12&11&8&10\\1&11&8&14&16&18\\13&7&11&17&11&11\end{pmatrix}$$

>> A−B

$$ans=\begin{pmatrix}2&2&-2&-2&4&-5\\4&2&-1&1&-6&-5\\-2&-8&2&-1&-6&-6\\-7&1&-4&0&0&0\\3&-5&-3&1&-7&-9\end{pmatrix}$$

>> A′ * B

$$ans=\begin{pmatrix}46&61&76&91&106&121\\31&43&55&67&79&91\\56&73&90&107&124&141\\102&131&160&189&218&247\\54&74&94&114&134&154\\52&67&82&97&112&127\end{pmatrix}$$

2. MATLAB代码及结果：

>> 6 * eye(3)

$$ans=\begin{pmatrix}6&0&0\\0&6&0\\0&0&6\end{pmatrix}$$

>> A=ones(3，2)

A = 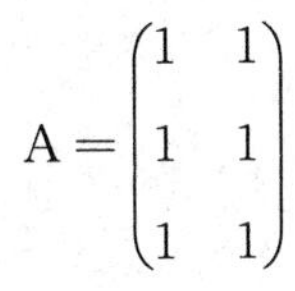

```
>> rand(3, 3)
```

$$ans=\begin{pmatrix}0.6991 & 0.5472 & 0.2575\\ 0.8909 & 0.1386 & 0.8407\\ 0.9593 & 0.1493 & 0.2543\end{pmatrix}$$

3. MATLAB 代码及结果：

```
>> D=[1 2 3 4; 2 3 4 1; 3 4 1 2; 4 1 2 3];
>> det(D)
```

计算结果 x =160.

4. MATLAB 代码及结果：

```
>> syms a;
>> syms b;
>> syms c;
>> syms d;
>> D= [1  1  1  1; a  b  c  d; a^2  b^2  c^2  d^2; a^3  b^3  c^3  d^3];
>> simplify(det(D))% 求 D 的行列式，并化简
```

输出结果为(a－b)＊(a－c)＊(a－d)＊(b－c)＊(b－d)＊(c－d)

5. MATLAB 代码及结果：

```
>> n=100;
>> D=2*ones(n)-diag(2*ones(1, n))+diag([1: n]);
>> det(D)==-2*prod(1: n-2)% 输出结果为 1，表明两者相等.
```

6. MATLAB 代码及结果：

```
>> D=[5 6 0 0 0; 1 5 6 0 0; 0 1 5 6 0; 0 0 1 5 6; 0 0 0 1 5];
>> D1=[1 6 0 0 0; 0 5 6 0 0; 0 1 5 6 0; 0 0 1 5 6; 1 0 0 1 5];
>> D2=[5 1 0 0 0; 1 0 6 0 0; 0 0 5 6 0; 0 0 1 5 6; 0 1 0 1 5];
>> D3=[5 6 1 0 0; 1 5 0 0 0; 0 1 0 6 0; 0 0 0 5 6; 0 0 1 1 5];
>> D4=[5 6 0 1 0; 1 5 6 0 0; 0 1 5 0 0; 0 0 1 0 6; 0 0 0 1 5];
>> D5=[5 6 0 0 1; 1 5 6 0 0; 0 1 5 6 0; 0 0 1 5 0; 0 0 0 1 1];
>> format rat; % 输出格式为分数
>> x1=det(D1)/det(D)
>> x2=det(D2)/det(D)
```

```
>> x3 = det(D3)/det(D)
>> x4 = det(D4)/det(D)
>> x5 = det(D5)/det(D)
```

计算结果 $x_1=\frac{1507}{665}$，$x_2=-\frac{229}{133}$，$x_3=-\frac{37}{35}$，$x_4=-\frac{79}{133}$，$x_5=\frac{212}{665}$.

7. MATLAB代码及结果：

```
>> A=[1  2  1  -1; 3  6  -1  -3; 5  10  1  -5];
>> reff(A)
```

$$ans=\begin{pmatrix}1 & 2 & 0 & -1\\0 & 0 & 1 & 0\\0 & 0 & 0 & 0\end{pmatrix}$$

自由未知量取 x_2，x_4，该齐次线性方程组的一个基础解系为 $\boldsymbol{\eta}_1=(-2, 1, 0, 0)'$，$\boldsymbol{\eta}_2=(1, 0, 0, 1)'$

通解为：$\boldsymbol{x}=k_1\boldsymbol{\eta}_1+k_2\boldsymbol{\eta}_2=k_1(-2, 1, 0, 0)'+k_2(1, 0, 0, 1)'$，($k_1$，$k_2$ 为任意常数).

8. MATLAB代码及结果：

```
>> A=[2  1  -1  1; 4  2  -2  1; 2  1  -1  -1];
>> b=[1; 2; 1];
>> rank(A)
>> rank([A, b])% 系数矩阵的秩与增广矩阵的秩都等于2，小于未知量个数，方程有无穷多解
>> rref(A)
```

$$ans=\begin{pmatrix}1 & 1/2 & -1/2 & 0\\0 & 0 & 0 & 1\\0 & 0 & 0 & 0\end{pmatrix}$$

自由未知量取 x_2，x_3，该方程对应的齐次线性方程组的一个基础解系为：$\boldsymbol{\eta}_1=(-1, 2, 0, 0)'$，$\boldsymbol{\eta}_2=(1, 0, 2, 0)'$，原方程组的一个特解为：

```
>> x0 = A \ b
```

$$x0=\begin{pmatrix}1/2\\0\\0\\0\end{pmatrix}$$

故原方程组的通解为：$\boldsymbol{x}=\begin{pmatrix}\frac{1}{2}\\0\\0\\0\end{pmatrix}+k_1\begin{pmatrix}-1\\2\\0\\0\end{pmatrix}+k_2\begin{pmatrix}1\\0\\2\\0\end{pmatrix}$，($k_1$，$k_2$ 为任意的常数).

9. MATLAB代码及结果：

```
>> format rat;
>> syms k;
>> A=[k 1 1; 1 k 1; 1 1 k];
>> b=[1 k k^2]';
>> y=det(A)% 输出为 k^3-3*k+2
>> k= roots([1  0  -3  2])% 求k^3-3*k+2=0的根，输出为k= -2，1，1
```

(1) 当 k=-2 时

```
>> k=-2;
>> A=[k 1 1; 1 k 1; 1 1 k];
>> b=[1 k k^2]';
>> rank(A)% 此时系数矩阵的秩为 2
>> rank([A, b])% 此时增广矩阵的秩为 3，故当 k=-2 时，该线性方程组无解.
```

(2) 当 k=1 时

```
>> k=1;
>> A=[k 1 1; 1 k 1; 1 1 k];
>> b=[1 k k^2]';
>> rref([A, b])
```

$$\text{ans}=\begin{pmatrix}1&1&1&1\\0&0&0&0\\0&0&0&0\end{pmatrix}$$

从结果可以看出，当$k=1$时，方程组有无穷多解，取x_2，x_3为自由未知量，得到基础解系：$\boldsymbol{\eta}_1=(-1,1,0)'$，$\boldsymbol{\eta}_2=(-1,0,1)'$，通解为：$\boldsymbol{x}=(1,0,0)'+k_1(-1,1,0)'+k_2(-1,0,1)'$，($k_1$，$k_2$ 为任意的常数).

(3) 当 $k\neq1$，-2 时

```
>> syms k;
```

```
>> A=[k 1 1; 1 k 1; 1 1 k];
>> b=[1 k k^2]';
>> rref([A, b])
```

$$\text{ans}=\begin{pmatrix}[1,\ 0,\ 0,\ -(k+1)/(k+2)]\\ [0,\ 1,\ 0,\ 1/(k+2)]\\ [0,\ 0,\ 1,\ (k\hat{}2+2*k+1)/(k+2)]\end{pmatrix}$$

因此，当 $k\neq 1$，-2 时，方程由唯一解：

$$\boldsymbol{x}=\left(-\frac{k+1}{k+2},\ \frac{1}{k+2},\ \frac{k^2+2k+1}{k+2}\right)'.$$

10. MATLAB 代码及结果：

```
>> A=[-2 1 1; 0 2 0; -4 1 3];
>> eig(A)
```

$$\text{ans}=\begin{pmatrix}-1\\2\\2\end{pmatrix}$$

```
>> eig(A')
```

$$\text{ans}=\begin{pmatrix}2\\-1\\2\end{pmatrix}$$

11. MATLAB 代码及结果：

```
>> clear
>> A=[1  2  2; 2  1  -2; -2  -2  1];
>> [P, D]=eig(A)
```

$$P=\begin{pmatrix}-0.5774 & -0.0000 & -0.7071\\ 0.5774 & 0.7071 & 0.7071\\ -0.5774 & -0.7071 & -0.0000\end{pmatrix}$$

$$D=\begin{pmatrix}1.0000 & 0 & 0\\ 0 & 3.0000 & 0\\ 0 & 0 & -1.0000\end{pmatrix}$$

可以看出，矩阵 $\boldsymbol{A}$ 具有三个不相等的特征根，可以相似对角化，且 $\boldsymbol{\Lambda}=\boldsymbol{D}$.

12. MATLAB 代码及结果：

```
>> A=[2  2  -2; 2  5  -4; -2  -4  5]
```

$$A=\begin{pmatrix} 2 & 2 & -2 \\ 2 & 5 & -4 \\ -2 & -4 & 5 \end{pmatrix}$$

>> [P, D]=eig(A)

$$P=\begin{pmatrix} -0.2981 & 0.8944 & 0.3333 \\ -0.5963 & -0.4472 & 0.6667 \\ -0.7454 & 0 & -0.6667 \end{pmatrix}$$

$$D=\begin{pmatrix} 1.0000 & 0 & 0 \\ 0 & 1.0000 & 0 \\ 0 & 0 & 10.0000 \end{pmatrix}$$

二次型 $f=2x_1^2+5x_2^2+5x_3^2+4x_1x_2-4x_1x_3-8x_2x_3$ 的标准型为 $f=y_1^2+y_2^2+10y_3^2$.

参考文献

[1] 同济大学数学系．线性代数[M]. 北京：人民邮电出版社，2017.

[2]Gerald Farin，Dianne Hansford. 实用线性代数(图解版)[M]. 李红玲，译．北京：机械工业出版社，2014.

[3] 赵树嫄．线性代数[M]. 第五版．北京：中国人民大学出版社，2017.

[4] 李尚志．线性代数[M]. 北京：高等教育出版社，2011.

[5] 吴赣昌．线性代数[M]. 北京：中国人民大学出版社，2017.

[6] 马传渔，等．线性代数[M]. 南京：南京大学出版社，2013.

[7] 申伊塃，郑业龙，陈效群，等．线性代数与解析几何学习辅导[M]. 合肥：中国科学技术大学出版社，2015.

[8] 上海大学数学系．线性代数学习指导[M]. 北京：高等教育出版社，2016.

[9] 胡万宝，等．线性代数[M]. 合肥：中国科学技术大学出版社，2014.

[10] 段正敏．线性代数[M]. 第 2 版．北京：高等教育出版社，2015.